放下，才能幸福

连山——主编

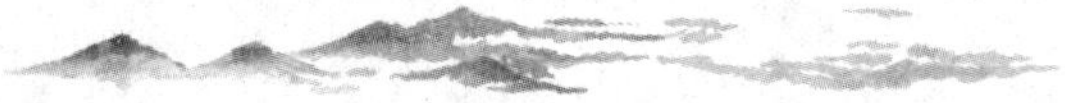

中国華僑出版社
北京

前言

PREFACE

现代社会的生活和工作节奏变得越来越快，有很多人开始变得过于“执着”：执着于可能到来的成功，执着于绚丽多姿的生活，执着于不愿放手的感情……于是有些人就将“最近比较烦”挂在了口头，眉头紧锁，焦躁不安，以至于再也抓不到幸福的身影了。

过于执着，换言之就是放不下。佛说：放下，便得自在。人生如舟，不可负载过多过重，有些事情是不必在乎的，有些东西是必须放下的。其实，幸福就像流沙一样，你抓得越紧，它就流得越快。人生不长不短，红尘纷扰总在所难免，但有些欲望可以抑制，有些争执可以让步，有些烦恼可以抛开。人们总会在一切都成为过眼烟云时才恍然大悟：那些执迷、计较、忧虑、恐惧何苦来着？原来能放下多少，幸福就有多少。如果不懂得放下，势必让自己的生命之舟载着太多的物欲和虚荣，就可能在抵达彼岸前中途搁浅或沉没。

放下是一种心态，更是一种智者的胸怀。它需要我们清除内心的污垢，珍惜拥有，放弃执念，学会换个角度看待自己和周围的人与事，宽恕别人的过错，积攒心态和情绪上的正能量，不戚于逆境，不自满于成功。如此，我们才能远离烦恼，俘获难得的宁静，体悟人生幸福的真谛。

放下是一种选择，更是一种生活的智慧。放下那些不适合自己去充当的社会角色，放下束缚你的人情世故，放下牵绊你的功名利禄，放下徒有其表的奉承夸奖，放下各种蒙住你眼睛的假象，你才能努力做好自己应该做的事，主题明确地直奔自己应该追求的目标，坚定不移地走自己的路。

放下是人生的大境界，是一种超然、一种解脱。懂得放下的人，弱水三千，只取一瓢饮；懂得放下的人，事情再多，只取最重要的完成；懂得放下的人，绝不会为了金钱、名利这样的身外之物，牺牲自己的健康、幸福和快乐。只有该放下时放下，你才能够腾出手来，抓住真正属于你的快乐和幸福。

本书从为人处世、交友、职场、情感、婚恋等不同角度，将放下的智慧娓娓道来。它是一本温暖的心灵治愈书，以宽心为宗旨，闲暇时品读，定能让烦恼从身边消除，让快乐、健康、阳光成为生活的主旋律。

CONTENTS

目录

第一章

幸福从放下的那一刻开始
——有些事情不必在乎，有些东西必须清空

放下是为了更好地拥有 ///1
放手，转身遇见幸福 ///3
释怀过去方能拥抱幸福 ///5
不单纯所以不幸福 ///7
心中清净，幸福自来 ///10
学会放下，成全幸福 ///12
给人生来次大扫除，留下最需要的东西 ///14
“放下”是一种觉悟，更是一种自由 ///16
心中梁木一根，放下就是舵和桨 ///18
放下一切，才是幸福的起点 ///20

第二章 放下虚荣和贪念——苹果非要吃红的吗

知足才能常乐，贪婪永无安宁 ///23
虚荣浮华会减少幸福感 ///26
放下强出头的欲望，才能做好事 ///28
逞强不算强，你需要的是“示弱” ///30
不为物累，简单生活 ///34

第三章 放下自卑和无端忧虑——世上没有过不去的坎

最糟，也不过从头再来 ///36
从阴影中走出来，以积极状态创业 ///39
没有过不去的坎，只有过不去的心 ///41
改变心境，发现生活的美好 ///43
记住，明天又是新的一天 ///46
放下忧郁，让眉头永远舒展 ///49
放下防御，打开自闭的心灵 ///51
一个人思虑太多，就会失去做人的快乐 ///53
调节身心，做情绪的主人 ///55
幸福在于失意时及时放下 ///58

第四章 放下嫉妒和抱怨——在宽容的围墙里亲吻幸福

放下抱怨才能亲吻幸福 ///60
算计别人将会误伤自己 ///62
不以己心定善恶 ///65
摘下有色眼镜，不以一时荣辱取人 ///68
避免唠叨和争吵，弹奏生活的和谐 ///70
放下抱怨，把微笑送给刁难自己的人 ///73
放下多疑，拉近心与心的距离 ///75
走出不平衡的心理误区 ///77

第五章 放下苛求，笑纳缺憾——有种幸福叫饶过自己

生活中的放弃，在于人生的选择 ///80
不看他人，安心做最好的自己 ///82
幸福榜单上，第二名也是英雄 ///85
放下别人的看法，活出自己的特色 ///87
放弃模仿，挖掘自我本色 ///89
选择最适合自己的生活方式 ///91
放下完美情结，不完美的才是人生 ///93
人生不是演出，摘下虚伪面具 ///95
不要和自己过不去 ///97

第六章 放下身段和面子
——地低成海，俯下身子更易成功

抱着学习姿态，切勿好为人师 ///100
面对错误，学会比别人先认错 ///102
输赢只是暂时，并非永远 ///104
自主创业，放下身份天地宽 ///107
小钱也是钱，小生意也不放过 ///109
放下面子，创业没有门槛 ///111
创业就不能做“行动的矮子” ///113
学习温商生意经：吃大苦发大财 ///116
放下急躁，越什么也不能越权 ///119
刚入门，放下身段多学习 ///120
职场女性，学会“鸵鸟姿态” ///123
尊重上司，你才能成为事业舞台上的主角 ///125

第七章 放手错爱，幸福花开
——去找你的下一个碧海青天

相爱就是给彼此自由 ///128
放开他并不等于失去他 ///131
给爱一条生路，也给彼此一条生路 ///133
拥有时珍惜，失去时祝福 ///135
放手错误的爱，留下淡淡余香 ///137
感情攥得越紧反而失去的越多 ///139
别把感情浪费在不合适自己的人身上 ///140

真爱自己便不会强求自己 ///143
盲目地选择爱情，是不幸的序曲 ///146
成人之美，成金之爱 ///148

第八章 放下浮躁和自寻烦恼——给自己来杯忘情水

甩掉“金科玉律”的锁链 ///151
世间烦恼，皆由“我”起 ///154
剔除了杂质，才会留下无瑕之美 ///156
丢弃烦恼，重视手边清楚的现在 ///158
剪掉不必要的生活内容 ///161
放下自寻烦恼的状态 ///163
放下浮躁，人生静如禅 ///167
放下缠绕在心头的烦恼事 ///169
放下不满，活着便是幸福 ///171
放下“阴暗面”，做最阳光的自己 ///174
果敢放弃，不留丝毫犹豫和留恋 ///176
悬崖深谷处，撒手得重生 ///179

>>>第一章

幸福从放下的那一刻开始

——有些事情不必在乎，有些东西必须清空

现代社会，生活富裕了，但压力越来越大；收入增加了，但幸福却越来越少。其实，压力的大小，主要取决于自己的心态。幸福不幸福，就看你是否学会了放下。放下，是一种生活的智慧；放下，是一门心灵的学问。只有该放下时放下，你才能够腾出手来，抓住真正属于你的快乐和幸福。

放下是为了更好地拥有

常听父母提起他们的小时候，说那时虽然吃不饱、穿不暖，但却觉得幸福就在指间。也常听自己的同龄人抱怨，抱怨生活中有太多的抉择，以至于幸福就在抉择中溜走了一半。也许是我们的生活比起父辈有了更多的选择，也许是丰富的物质让我们的思想变得越来越复杂，在光怪陆离的生活中，我们总是觉得很难找到幸福，殊不知，简单的幸福却在一拿一放之间等待着我们。

人生中，左右为难的情形会时常出现：比如面对两份同具诱惑力的工作，两个同具诱惑力的追求者，为了得到其中“一半”，你必须放弃另外“一半”。若过多地权衡，患得患失，到头来将两手

空空，一无所得。我们不必为此感到悲伤，因为能抓住人生“一半”的美好就已经足够幸福了。

两个朋友一同去参观动物园。动物园非常大，他们的时间有限，不可能参观到所有动物。他们便约定：不走回头路，每到一处路口，便选择其中一个方向前进。

第一个路口出现在眼前时，路标上写着一侧通往狮子园，另一侧通往老虎山。他们琢磨了一下，选择了狮子园，因为狮子是“草原之王”，又到一处路口，分别通向熊猫馆和孔雀馆，他们选择了熊猫馆，熊猫是“国宝”嘛……

他们一边走，一边选择。每选择一次，就放弃一次，遗憾一次。但时间不等人，如不这样做他们的遗憾将更多。只有迅速做出选择，才能减少遗憾，得到更多的收获，得到幸福的感觉。

幸福在选择中诞生，然而在选择和取舍时却必须要有理性、睿智和远见卓识，不可鼠目寸光，不可急功近利，更不可本末倒置，因小失大。选择不是一锤子的买卖，不能因为一粒芝麻丢了西瓜；不能因为留恋一棵小树而失去整片的森林。

很多时候，我们总是想选择这个，却害怕错过那个，于是拿起来又放下，到最后一刻还在犹豫。这个会有这样的缺点，那个会有那样的不足，总是迟迟下不了决心。或者选择之后，又来回地更改，时间和精力都在患得患失之间被耽搁了，幸福也在指间流走。

世界上没有十全十美的东西让你选择，每一样东西都会有它自身的弱点，所以，当你选择之后就大胆地往前走，而不是走一步三回头，这在很大程度上影响了前进的速度。

而那些事业有成之士，总会在抉择之后一直走下去。鲁迅在拯救人的灵魂和人的身体之间选择成为一代文豪；迈克尔·乔丹放弃了棒球运动员的梦想，成为世界篮坛上最耀眼的“飞人”；帕瓦罗蒂放弃了教师职业，成为名扬世界的歌坛巨匠。

无论我们怎样审慎地选择，人生的大多数时候终归都不会是尽善尽美，总会留有缺憾。但缺憾本身也是一种美。有些选项看似诱人，但如果不适合自己，那就要果断舍弃。做出什么样的选择，要视自身条件和具体情况而定，要有主见，不能人云亦云。

只有那些懂得舍弃、懂得选择的人，才能拥有完美的人生，因为懂得适时放下的人，就能够更好地拥有更多的幸福。

一切都是暂时的，一切都会消逝。一切逝去的，都会变成美好的回忆。

放手，转身遇见幸福

人活在世上，不能不在乎某些东西。于是，伤害过你的人，你就用几倍的伤害给予他们重创。心理得以平衡之后，有一天你又被伤害，你又开始报复。周而复始，你终日被报复充斥，成了报复的囚徒，苍白了信仰，空虚了精神，丢掉了理想，可惜了美德，得到的只是伤害。

当我们憎恨仇人时，就等于给了他们制胜的力量，而这种力量会让我们寝食难安、魂不守舍、心烦意乱，最终甚至导致疾病和死亡。这样看来，报复不仅让我们无法实现对别人的打击，反倒成为对自己内心的一种摧残。紧抓住仇恨不放，幸福便将远离。幸福，其实就在懂得放手的那一刻转身。

古希腊神话中有一位大英雄叫海格力斯。一天，他走在坎坷不

平的山路上，发现脚边有个袋子似的东西很碍脚，他踩了那东西一脚，谁知那东西不但没有被踩破，反而膨胀起来，加倍地扩大着。海格力斯恼羞成怒，操起一条碗口粗的木棒砸它，那东西竟然长大到把路堵死了 。

正在这时，山中走出一位圣人，对海格力斯说："朋友，快别动它，忘了它，离它远去吧！它叫仇恨袋，你不侵犯它，它便小如当初；你侵犯它，它就会膨胀起来，挡住你的路，与你敌对到底！"

茫茫人世间，我们难免与别人产生误会、摩擦，如果不注意，在我们惊动仇恨之时，仇恨袋便会悄悄成长，你的心灵就会背上报复的重负而无法获得自由。报复会把一个好端端的人驱向疯狂的边缘，使你的心灵得不到片刻安宁，报复同样会驱赶幸福，使你失落永恒的幸福的滋味。

有一位好莱坞的女演员，失恋后，怨恨和报复使她的面孔变得僵硬而多皱，她去找一位有名的化妆师为她美容。这位化妆师深知她的心理状态，中肯地告诉她："你如果不消除心中的怨和恨，我敢说全世界任何美容师也无法美化你的容貌。"

圣人说："怀着爱心吃菜，也要比怀着怨恨吃牛肉好得多。"

如果我们的仇人知道怨恨使我们精疲力竭，使我们紧张不安，使我们的外表和内心都受到伤害的时候，他们不是会拍手称快吗？我们岂能让仇人控制我们的快乐、我们的健康和我们的外表？

莎士比亚曾经说过："不要由于你的敌人而燃起一把怒火，让心中的烈焰烧伤自己。"明智如你，理应让愁怨远离。人们追求幸福，却总以为击败自己的敌人，报复自己的仇家就能够获得解脱，得到幸福，殊不知，复仇的心，正如同一把利刃，刺伤他人的同时，也刺伤了自己。幸福的奥妙看似难以参透，幸福的本质，却又是何等的清晰与单纯，放下内心所有的愁怨与不满，潇洒地转身，旋即，你便能够望见幸福。

世间最珍贵的不是"得不到"和"已失去"，而是现在能把握的幸福。

释怀过去方能拥抱幸福

我们常听到人们如此哀叹："要是……就好了！"这是一种很明显的内疚悔恨情绪，而我们每个人都会不时地发出这样的哀叹。每个活着的人，都会有机会体验到这种内疚的情绪。

悔恨不仅是对往事的关注，也是由于过去某件事而产生的惰性。如果你由于自己过去的某种行为而到现在都无法积极生活，那便成了一种消极的悔恨了。吸取教训是一种健康有益的做法，也是我们每个人不断取得进步与发展的重要环节。悔恨则是一种不健康的心理，它白白浪费了自己目前的精力。实际上，仅靠悔恨是解决不了任何问题的，我们也实在没有必要为了过去犯过的错误而不停地谴责现在的自己。

爱默生经常以愉快的方式度过每一天。他告诫人们："时光一去不返。每天都应尽力做完该做的事。疏忽和荒唐事在所难免，我们应该尽快忘掉它们。明天将是新的一天，应当重新开始，振作精神，不要使过去的错误成为未来的包袱。"

要成为一个快乐的人，重要的一点是学会将过去的错误、罪恶、过失通通忘记，往前看。忘记过去的事，努力向着未来的目标前进。

卡耐基先生有一次造访希西监狱，对狱中的囚犯看起来竟然也和世人一般快乐的样子很是惊讶。

典狱长罗兹告诉卡耐基：犯人刚入狱时都认命地服刑，尽可能快乐地生活。有一位花匠囚犯在监狱里一边种着蔬菜、花草，还一边轻哼着歌呢！他哼唱的歌词是：

事实已经注定，事实已沿着一定的路线前进，痛苦、悲伤并不能改变既定的情势，也不能删减其中任何一段情节，当然，眼泪也于事无补，它无法使你创造奇迹。那么，让我们停止流无用的眼泪吧！既然谁也无力使时光倒转，不如抬头往前看。

令人后悔的事情，在生活中经常出现。许多事情做了后悔，不做也后悔；许多人遇到要后悔，错过了更后悔；许多话说出来后悔，不说出来也后悔……人生没有回头路，也没有后悔药。过去的已经过去，你再也无法重新设计。一味后悔，只会消弭未来的美好，给未来的生活增添阴影。

只要你心无挂碍，看得开、放得下，何愁没有快乐的春莺在啼鸣，何愁没有快乐的泉溪在歌唱，何愁没有快乐的白云在飘荡，何愁没有快乐的鲜花在绽放！所以，放下就是快乐。不被过去所纠缠，这才是幸福的人生。

明天将是新的一天，应当重新开始，振作精神，不要使过去的错误成为未来的包袱。

不单纯所以不幸福

在人的一生中，会有许多的追求、许多的憧憬。追求真理，追求理想的生活，追求刻骨铭心的爱情；追求金钱，追求名誉和地位。有追求就会有收获，我们会在不知不觉中拥有很多，有些是我们必需的，而有些却是完全用不着的。那些用不着的东西，除了满足我们的虚荣心外，最大的可能，就是成为我们的一种负担。

其实，幸福与快乐源自于内心的简约。简单使人宁静，宁静使人快乐。古人有句话叫“大道至简”，用今天的话来说，就是“越是真理就越是简单的”。著名的美籍华裔数学家陈省身先生有一个很有趣的“数学人生法则”：数学的一个重要作用就是九九归一，化繁为简。智者的简单，并非因为贫乏或缺少内容，而是繁华过后的一种觉醒，是一种去繁就简的境界。简单的过程是一个觉醒的过程。大道至简，健康的人生一定是一个去繁就简的人生。

古希腊的佛里几亚国王葛第士，以非常奇妙的方法在战车的轭上打了一串结。他预言：谁能打开这串结，谁就可以征服亚洲。一直到公元前334年，仍然没有一个人能成功地将结打开。这时亚历山大率领军队入侵小亚细亚，他来到葛第士绳结的车前，毫不犹豫地拔剑砍断了绳结。后来，他果然占领了比希腊大五十倍的波斯帝国。

在现实生活中，困扰我们的绳结同样存在，并且有可能就在我们的心中。

有一个年轻人从家里出来，在路上看到了一件有趣的事，正好经过一家寺院，便想考考老禅师。他说：“什么是团团转？”“皆因绳未断。”老禅师随口答道。年轻人听了大吃一惊。老禅师问道：“什么事让你这样惊讶？”

“不，老师父，我惊讶的是，你怎么会未卜先知呢？”年轻人说，“我今天在来的路上，看到了一头牛被绳子穿了鼻子，拴在树上，这头牛想离开这棵树，到草场上去吃草，谁知它转来转去，就是脱不开身。我以为师父没看见，肯定答不出来，却没想到你一下就说中了。”

老禅师微笑道：“你问的是事，我答的是理。你问的是牛被绳缚而不得脱，我答的是心被俗务纠缠而不得解脱，一理通百事啊！”

年轻人大悟。

其实，人生中不如意事十之八九，得失随缘吧，不要过分强求什么，不要一味地去苛求。

名利是绳，贪欲是绳，嫉妒和褊狭都是绳，还有一些过分的强求也是绳。牵绊我们的绳子很多，一个人，只有摆脱这些心的绳索，才能享受到真正的幸福，才能体会到做人的乐趣。

生命各有各自的快乐，在于不同个体对各自生活的一种简单的满足。不要被世俗的绳结羁绊，听从内心真切的呼唤，便能享受属于自己的幸福。人活在世上都要扮演一定的角色，或许你的生活很简单，但是你也会有自己的幸福。

有些人，他们活着，却没有时间去多愁善感；爱着，他们却不懂怎么诠释爱情；他们满足，因为他们没有奢望生活过多的给予；他们简单，不用在人前掩饰什么。他们也许连幸福是什么都不知道，然而真正幸福的就是这么一群简单的人。

人之所以不幸福，就是因为不能够活得单纯；其实，不要去刻意追求什么，不要向生命去索取什么，不要为了什么去给自己塑造形象，简单本身就是一种幸福。

世间万事转头空，名利到头一场梦，想通了，想透了，人也就透明了，心也就豁然了。

心中清净，幸福自来

1918 年 8 月 19 日，才子李叔同离别妻子，悄然遁入空门，法号“弘一”。读过弘一大师传记的人，大概都不会忘记他是以怎样珍惜和满足的神情面对盘中餐的：那不过是最普通的萝卜和白菜，他用筷子小心地夹起放在嘴里，似在享用山珍海味。正像他的好友、现代学者夏丏尊先生所说：“在他，什么都好，旧毛巾好、草鞋好、走路好、萝卜好、白菜好、草席好……”

“惜衣惜食，非为惜财缘惜福；爱人爱物，到了方知爱自己”。以惜福的心态度过生命中的每一天，怎能不生知足、安详、欢愉、幸福之感呢？

有一场举世瞩目的赛事，台球世界冠军已走到卫冕的门口。他只要把最后那个 8 号黑球打进洞，凯歌就能奏响。就在这时，不知从什么地方飞来一只苍蝇。苍蝇第一次落在他握杆的手臂上。有些痒，冠军停下来。苍蝇飞走了，这回竟飞落在了冠军紧锁的眉头上。冠军只好不情愿地停下来，烦躁地打那只苍蝇。苍蝇又轻捷地脱逃了。冠军做了一次深呼吸再次准备击球。天啊！他发现那只苍蝇又回来了，像个幽灵似的落在了 8 号黑球上。冠军怒不可遏，拿起球杆对着苍蝇捅去。苍蝇受到惊吓飞走了，可球杆触动了黑球，黑球没有进洞。按照比赛规则，该对手击球了。对手抓住机会死里逃生，一口气把自己该打的球全打进了。

卫冕失败，冠军恨死了那只苍蝇。在大众的喧哗中，冠军不堪重负，不久就自己结束了生命。临终时他还对那只苍蝇耿耿于怀。

一只苍蝇和一个冠军的命运联系在一起，是偶然的。倘若冠军能制怒并静待那只苍蝇飞走的话，结局也许就不一样了。

一个心智成熟的人，必定能控制自己的情绪与行为。这样的人才能享受到幸福。倘若一个人不能征服自己，就可能错失幸福。

虽然幸福没有统一的答案，也没有固定的模式，但是它需要一种捕获的心境。幸福的内涵无限丰富，只要你善于捕捉，用心灵去发现，哪怕是一条温暖的短信问候，一句关爱的叮咛，一缕初夏的凉风，一幕日常生活琐碎的片段……你都能从中感受到幸福，因为你拥有一颗懂得享受幸福的心。

淡泊以明志，宁静而致远。简简单单地生活，简简单单地去发觉点滴间存在的小小幸福。幸福就像山坡上静吐芬芳的野花，没有围墙，也不需要门票，只要有一颗清净的心和一双未被遮住的眼睛，就能看到。

幸福的内涵无限丰富，只要你善于捕捉，用心灵去发现，就能够收获越来越多的幸福。

学会放下，成全幸福

俗话说得好，有意栽花花不发，无心插柳柳成荫。对幸福的追求也是这样，并不是想得到就能得到的。

有一位大寺庙的住持，因年事已高，心中思考着找一个接班人。一日，他将两个得意弟子叫到面前，两个弟子一个叫慧明，一个叫尘元。住持对他们说："你们俩谁能凭自己的力量，从寺院后面悬崖的下面攀爬上来，谁将是我的接班人。"

慧明和尘元一同来到悬崖下，那真是一面令人望而生畏的悬崖，崖壁极其险峻、陡峭。身体健壮的慧明信心百倍地开始攀爬，但是不一会儿，他就从上面滑了下来。慧明爬起来重新开始，尽管他这一次小心翼翼，但还是从悬崖上面滚落到原地。慧明稍事休息后又开始攀爬，尽管摔得鼻青脸肿，他也绝不放弃……

让人遗憾的是，慧明屡爬屡摔，最后一次他拼尽全身之力，爬到一半时，因气力已尽，又无处歇息，于是重重地摔倒在一块大石头上，当场昏了过去。住持不得不让几个僧人用绳索将他救了回去。接着轮到尘元了，他一开始也和慧明一样，竭尽全力地向崖顶攀爬，结果也屡爬屡摔。尘元紧握绳索站在一块山石上面，他打算再试一次，但是当他不经意地向下看了一眼以后，突然放下了用来攀上崖顶的绳索，整了整衣衫，拍了拍身上的泥土，扭头向着山下走去。

旁观的众僧都十分不解，难道尘元就这么轻易地放弃了？大家对此议论纷纷，只有住持默然无语地看着尘元的去向。

尘元到了山下，沿着一条小溪流顺水而上，穿过树林，越过山谷，最后没费什么力气就到达了崖顶。当尘元重新站到住持面前时，众人还以为住持会痛骂他贪生怕死、胆小怯弱，甚至会将他逐出寺门。谁知住持却微笑着宣布尘元将成为新一任住持。众僧皆面面相觑，不知所以。尘元向其他人解释："寺后悬崖乃是人力不能攀登上去的，但是只要于山腰处低头看，便可见一条上山之路。师父经常对我们说'明者因境而变，智者随情而行'，就是教导我们要知伸缩退变啊！"住持满意地点了点头说："若为名利所诱，心中则只有面前的悬崖绝壁。天不设牢，而人自在心中建牢。在名利牢笼之内，徒劳苦争，轻者苦恼伤心，重者伤身损肢，极重者粉身碎骨。"然后，住持将衣钵锡杖传交给了尘元，并语重心长地对大家说："攀爬悬崖，意在勘验你们的心境，能不入名利牢笼，心中无碍，顺天而行者，便是我中意之人。"

生活中，我们似乎都在不断攀爬这块通往幸福之路的绝壁，碰得头破血流也要往上爬。而实际上，这块绝壁根本就爬不上去，但是我们总以为自己只要坚持就可以，而如果我们能够像僧人尘元一样低头看一看，或许会发现另一条可以通往崖顶的路。

一个女人爱上一个不该爱的人，但总是执迷不悟，认为自己是对的，常常为此伤心流泪。其实这是一份没有结果的爱，爱上一个不该爱的人就如同攀爬这根本上不去的悬崖一样，没有结果，而且自己随时可能掉下来摔个粉碎。

有些女人被金钱所惑，找丈夫一味

地要找有钱人，一味地以这个为标准，最终错过了不少很好的人。而过了结婚的年龄，又匆匆地结婚，婚姻也不是很幸福。

在开始的时候如果回头看，看看这条路通不通，最终也不至于是这个结果，人有时候过于天真，认为自己就对，追求幸福，急功近利地追求幸福，却往往得不到幸福，而那些很泰然的、懂得变通的人往往会获得意想不到的幸福。

庄子在《逍遥游》表达的“神人无己，圣人无功，至人无名”正是最好的总结。逍遥游是一种最难得的人生状态，不穿越财的浮尘雾障，幸福永远是不可企及的。

幸福追求不来，它在远方等你，等你超越富贵的浮云，而追求幸福本身就是对幸福的障碍。

给人生来次大扫除，留下最需要的东西

我们一定有过年前大扫除的经历吧。当你一箱又一箱地打包时，一定会很惊讶自己在过去短短一年内，竟然累积了这么多的东西。然后懊悔自己为何事前不花些时间整理，淘汰一些不再需要的东西，否则，今天就不会累得你连脊背都直不起来。

大扫除的懊恼经验，让很多人懂得一个道理：人一定要随时清扫、淘汰不必要的东西，只留下自己最有用的，日后才不会变成沉重的负担。人生又何尝不是如此！在人生路上，每个人不都是在不断地累积东西？这些东西包括你的名誉、地位、财宝、亲情、人际关系、健康等；另外，当然也包括了烦恼、苦闷、挫折、沮丧、压力等。

这些东西，有的早该丢弃而未丢弃，有的则早该储存而未储存。

洛威尔是美国著名的心理学家。有一年他和一群好友到东非赛伦盖蒂平原去探险。在旅途中，洛威尔随身带了一个厚重的背包，里面塞满了食具、切割工具、挖掘工具、衣服、指南针、观星仪、护理药品等。洛威尔对自己携带的物品非常满意。

一天，当地的一位土著向导检视完洛威尔的背包之后，突然问了一句："这些东西你都有用吗？"洛威尔愣住了，这是他从未想过的问题。洛威尔开始问自己，结果发现，有些东西的确不值得背着它们走那么远的路。

洛威尔决定取出一些不必要的东西送给当地村民。接下来，因为背包变轻了，他感到自己不再有束缚，旅行变得更愉快。

你可以列出清单，决定背包里装些什么能帮助你到达目的地。但是，记住，在每一次停泊时都要清理自己的口袋，什么该丢，什么该留，把更多的位置空出来放自己真正需要的东西。

在人生道路上，我们几乎随时随地都得做"清扫"。念书、出国、就业、结婚、离婚、生子、换工作、退休……每一次挫折，都迫使我们不得不回头细看自己最需要的是什么。不过，有时候某些因素也会阻碍我们放手进行扫除。譬如，太忙、太累，可是，心灵清扫原本就是一种挣扎与奋斗的过程。

你只有告诉自己：每一次的清扫，并不表示这就是最后一次。而且，没有人规定你必须一次全部扫干净。你可以每次扫一点，但你至少应该丢弃那些会拖累你的东西，这样的人生，才会变得轻盈、明确、快乐。

生命就如同一次旅行，背负的东西越少，越能发挥自己的潜能。

“放下”是一种觉悟，更是一种自由

一老一小两个和尚一起到山下化缘，途经一条小河。两个和尚正要过河，忽然看见一个妇人站在河边发愣，原来妇人不知河的深浅，不敢轻易过河。老和尚立刻上前去，把那个妇人背过了河。

两个和尚继续赶路，可是在路上，老和尚一直被小和尚抱怨，说作为一个出家人，不应该沾女色，你怎么能背个妇人过河？

老和尚一直沉默着，最后他对小和尚说：“你之所以到现在还喋喋不休，是因为你一直都没有在心中放下这件事，而我在放下妇人之后，同时也把这件事放下了，所以才不会像你一样。”

小和尚听了，顿时哑口无言。

故事当中的小和尚确实很可笑，喋喋不休地抱怨同伴。背的人还没说什么，看的人却这般过不去，实在是因为他的心胸有些狭窄。

其实，生活原本是有许多快乐的，只是我辈常常自生烦恼，空添许多愁。许多事业有成的人常常有这样的感慨：事业小有成就，但心里却空空的，好像拥有很多，又好像什么都没有。总是想成功后坐豪华游轮去环游世界，尽情享受一番。但真正成功了，仍然没有时间、没有心情去了却心愿，因为还有许多事情让人放不下……

对此，中国台湾作家吴淡如说得好：“好像要到某种年纪，在拥有某些东西之后，你才能够悟到，你建构的人生像一栋华美的大厦，但只有硬件，里面水管失修、配备不足、墙壁剥落，又很难找出原因来整修，除非你把整栋房子拆掉。你又舍不得拆掉。那是一生的心血，拆掉了，所有的人会不知道你是谁，你也很可能会不知道自

己是谁。”

很多时候，我们舍不得放弃一个放弃了之后并不会失去什么的工作，舍不得放弃已经走出很远很远的种种往事，舍不得放弃对权力与金钱的追逐……于是，我们只能用生命作为代价，透支着健康与年华。但谁能算得出，在得到一些自己认为珍贵的东西时，有多少和生命休戚相关的美丽像沙子一样在指掌间溜走？而我们却很少去思忖：掌中所握的沙子数量是有限的，一旦失去，便再也捞不回来。

自在的快乐便是佛家所说的那种境界，“要眠即眠，要坐即坐”，如果一个人茶饭不宁，百种需求，千般计较，自然谈不上是真正的放下，又如何去感受快乐？

真正的自由建立于真正的放下之上，一切皆空即是一切皆有。

心中梁木一根，放下就是舵和桨

我们常说，苦海无边，回头是岸。事实上，回头未必是岸，所以人要自救。有一种说法，人会身处苦海，是因为心中横亘着一根梁木，只要将这根梁木放下，就能做生命之舟的船桨，带我们离开苦海，驶向无忧的彼岸。

彼岸人人想去，难的，是放下。弘一法师出家时，离别了两位妻子，这万缕柔情一头牵曳着两位幽怨女子的苦心，一头牵曳着无上光明的法心，怎么斩、怎么断？可是法师毅然放下了，一去不回头。这是万缘放下自逍遥的洒脱。

放不下，是因为没看破。佛法在分析人生的基础上更是看破人生。看破人生实际上是对于人生价值的肯定，因为我们只有透过醉生梦死的虚幻人生，看破功名利禄是过眼烟云，把人生的恶习一点一点克服掉，才能够显示出人生的价值。不看破这虚幻、迷惑的人生，我们人生的价值是永远不会显现出来的。看得破就能“放下”，“放下”了也就看破了，也就不再执着于小我，这样就能步入离苦得乐的解脱之道。

抚州石巩寺的慧藏禅师，出家前是个猎人，他最讨厌见到和尚。有一天他追赶一只猎物时，被马祖道一拦住。这位讨厌和尚的猎人，见有个和尚干扰他打猎，就抡起胳膊，要与马祖动武。马祖问他：“你是什么人？” 猎人说：“我是打猎的人。”

马祖问：“那，你会射箭吗？”

猎人说：“当然会。”

马祖问：“你一箭能射几个？”

猎人说：“我一箭能射一个。”

马祖哈哈大笑：“你实在不懂射法。”

猎人很生气：“那么，和尚你可懂得射法？”

马祖回答：“我当然懂得射法。”

猎人问：“你一箭又能射得几个？”

马祖回答：“我一箭能射一群。”

猎人叫道：“彼此都是生命，你怎么会忍心射杀一群？猎人虽以杀生为本，但杀取有道，这叫不失本心。”

马祖语含机锋地问：“哦，看来你也懂一箭一群的真义，可怎么不照一箭一群的法则去射呢？”

猎人说：“我知道和尚一箭一群的意思，可要让我自己去射，真不知道如何下手！”

马祖高兴地说：“你这汉子旷劫以来的无明烦恼，今日算是断除了。”于是，猎人便扔掉弓箭，出家拜马祖为师。

慧藏禅师真可谓放下屠刀，立地成佛，这是慧根，是机缘，其中的因果妙不可言。杀生的猎人，转眼间就成了救世的和尚。所以说，放下，不在明天，不在后天，就在此刻。

有人想放弃什么不适合自己的东西，总是犹犹豫豫，一次一次下决心，一次一次要改过，却总没能成功。本来可救渡你的梁木，总横亘在心中，没有成为桨的机会，可笑，可叹，又可怜。

放下不需要犹豫，不需要时间，即时放下，便得解脱，便得幸福。

放下一切，才是幸福的起点

有人说，世上从来没有命定的不幸，只有死不放手的执着。所以，不要总是羡慕他人的自在与洒脱。他们获得幸福的原因也很简单：不执着于缘。懂得放下，就可以开始新的人生，也易得逍遥，快乐无穷。

做了好事马上要丢掉，这是菩萨道；相反，有痛苦的事情，也要丢掉。所以得意忘形与失意忘形都是没有修养的，都是不妥的；换句话说，便是心有所住，不能解脱。一个人受得了寂寞，受得了平淡，这才是大英雄本色。无论怎样得意也是那个样子，失意也是那个样子，到没有衣服穿，饿肚子仍是那个样子，这是最高的修养，就像孟子说的“富贵不能淫，贫贱不能移，威武不能屈”。不过，达到这种境界太难。

真正的人生该如何过呢？重点在“随”字。时空的脚步永远是不断地追随回转，无休无止。子在川上曰：逝者如斯夫。河水能够冲走泥沙与污浊，时间能够抹去人类的一切活动痕迹，世间没有永恒不变的东西，也没有绝对的真理和绝对完美的事物，人所能做到的就是“随”，顺时顺应，随性而走。

庄子临终前，弟子们已经准备要厚葬自己的老师。庄子知道后笑了笑，说：“我死了以后，大地就是我的棺椁，日月就是我的连璧，星辰就是我的珠宝玉器，天地万物都是我的陪葬品，我的葬具难道还不够丰厚？你们还能再增加点什么呢？”

学生们哭笑不得地说：“老师呀！若要如此，只怕乌鸦、老鹰

会把老师吃掉啊！”庄子说：“扔在野地里，你们怕飞禽吃了我，那埋在地下就不怕蚂蚁吃了我吗？把我从飞禽嘴里抢走送给蚂蚁，你们可真是有些偏心啊！”

一位思想深邃而敏锐的哲人，一位影响千年的大师，就这样以一种浪漫达观的态度和无所畏惧的心情，从容地走向了死亡，走向了在一般人看来令人万般惶恐的无限虚无。其实这就是生命。

在20世纪，一位美国的旅行者去拜访著名的波兰籍经师赫菲茨。他惊讶地发现，经师住的只是一个放满了书的简单房间，唯一的家具就是一张桌子和一把椅子。

“大师，你的家具在哪里？”旅行者问。“你的呢？”赫菲茨回问。

“我的？我只是在这里做客，我只是路过呀！”旅行者说。“我也一样！”经师轻轻地说。

既然人生不过是路过，便用心享受旅途中的风景吧。每个人的一生都像一场旅行，你虽有目的地，却不必去在乎它，因为你的人生不只拥有目的地而已，你还有沿途的风景和看风景的心情，如果完全忽略了一路的风情，人生将会变得多么单调和无趣，活着还怎么称得上是一种享受呢？

每一道风景从眼前经过，每段缘分与自己重逢再离别，你仔细回味一番，充分享受个中的滋味，不必耿耿于得失，在痛苦时想快乐，快乐时忆苦楚，始终保持心情的平和，生命才会充满温暖柔和的色彩。等到缘分过了，风景没了，等待你的还有另一波风光和快乐，之前的一切便可放下，享受眼前此刻。开始的背后是放下，为什么人们悟不到呢？

时间公平地对待每一个瞬间，但人在生命的旅程中却不能停滞不前，总沉湎于过去。只有不停地向前走，才能摆脱重重阻碍，得见白云处处、春风习习的旅行终点。

开始的背后是放下，唯有放下，才能拥有更好的开始，更多的幸福。

>>> 第二章

放下虚荣和贪念

——苹果非要吃红的吗

忙碌的初衷是为了心的满足与幸福，而灵魂有时也会在过度追逐中疲惫。那么辛苦地穿梭于钢筋混凝土之间，到底为的是什么？当有一天静静内省才发现，对物质的欲望是永无止境的。如果贪念太多，容易不择手段，误入歧途，所以要学会适可而止。

知足才能常乐，贪婪永无安宁

冯友兰在《三松堂全集》中曾说：“凡物各由其道而得其德，即是凡物皆有其自然之性。苟顺其自然之性，则幸福当下即是，不须外求。”意思是，只要我们顺着自己的本性，而不妄自攀比，不向外强求，我们获得的很多东西将使我们感受到幸福，一旦我们陷入了贪婪之中，总是和别人比较，我们是不会感到幸福的。

生活中，很多事情让我们感觉不舒服，好像从来就不曾满足过，幸福的滋味好像只在梦里似有似无地出现过。其实，是自己贪婪的欲望在作怪，只要你静下心来，不那么贪婪，那么幸福就在身边。

从前，在蓝蓝的大海深处，矗立着一座神秘的宝山。无数色彩斑斓的珠宝钻石乱纷纷地堆在山上，每逢太阳一出，就在半空中映出许多纵横交织的彩色光环。

某年，一个出海的人偶尔经过宝山，从那里拿走一颗直径一寸的珍珠。他把珍珠小心地揣在怀里，然后兴高采烈地乘船返回。船驶出不到 100 里，忽然，晴朗的天空倏地阴暗下来，平静的海面掀起山丘似的波澜，只见一条狰狞恐怖的蛟龙从海水深处破浪而出，在涛峰波谷之间翻腾飞舞。

富有航海经验的船老大顿时大惊失色，急忙停住舵把，对身上揣着珍珠的人说："哎呀，不好！这是蛟龙想要你的珠子呢！快献给它吧，不然的话，别说你的性命难保，还得连累我！"

揣着珍珠的人犹豫起来，把珍珠丢掉吧，实在舍不得；不丢掉吧，就要大难临头。思来想去，他还是决定留下珍珠。于是，他咬牙忍痛，用利刃剖开大腿的肌肉，把珍珠藏在里面。珍珠被肉紧紧裹住，光芒透不出来，蒙骗了蛟龙，蛟龙于是潜入海底，海面也随之平静下来。

那人一瘸一拐地回到家，从大腿里取出宝珠。珠子完好无损，闪闪的光芒把屋子映照得五彩缤纷。正当全家人惊喜地赞赏宝珠的时候，那人却痛苦地合上了双眼，大腿的溃烂夺去了他的生命。

这就是贪婪带来的后果，生活中，我们想要这个或那个。如果不能得到我们想要的，我们就不停地去想我们所没有的，并且有一种不满足感。

冯友兰在《我的日子还长》中，就曾形象地描述了他所获得的幸福："我的日子还长，所谓的幸福之事不好现在总结。不同的年龄段有不同的对幸福的定义，不同的场合也有不同的幸福的内容。最近可以一说的幸福是和亲戚到了绿洲家园，看到一片空地上盖着许多两层的房子。很多房子像童话里的城堡，颜色各异。那天的天气极好，所以感觉像在好莱坞的画面里，和所说的'面朝大海，春暖花开'也差不多了。我看着这些房子，感觉很幸福。之所以感觉幸福，是因为我可以给自己定一个比较遥远的目标，那就是我将来也要有这样的房子。"

这就是冯友兰先生心中的幸福，是那么简单，看着漂亮的房子也能感到幸福，为自己有个将来拥有这样的房子的理想而感到幸福。可见知足常乐，简简单单的生活最能使我们获得幸福。

只有知足常乐，幸福的花朵才能躲避贪婪的暴雨，在微风细雨的滋润中鲜艳地绽放。

虚荣浮华会减少幸福感

四月的洛阳城，开满了雍容华贵的牡丹，四面八方的人们纷至沓来，只可惜，花开花落，终究摆脱不了一岁一枯荣的命运。人们的虚荣正如那一时的争艳，忘我地享受着众人的目光，过后将是无尽的冷遇。

花开到荼蘼，就会影响之后果实的生长，甚至成为无果之花。虚荣岂不同样如此？在花开之后却没有果实作为回报。还记得中学语文课本中的那篇《项链》吗？玛蒂尔德为了在舞会上让自我的虚荣心得到满足，于是向富贵的朋友借了一条“价值不菲”的项链作为装饰。她成功了，在舞会上她成为全场的焦点，大放异彩。然而大喜之后的大悲却让她始料未及，项链在舞会结束之后丢失了。玛蒂尔德用尽了余生的精力，只是为了偿还朋友的这条项链。谁知命运弄人，原来这条“价值不菲”的项链居然是假的。在弄清事实之后，玛蒂尔德也已年老沧桑。

莫泊桑用他那短小精悍的文章告诫人们虚荣心的可怕，它就像蛀虫一样侵蚀着人们的身心。很多年轻貌美的女性，让自己的青春败落在衣着的鲜亮之中。她们没有身心的修养，没有文化的充实，没有灵魂的洗涤……有的只是光鲜亮丽的外表。这样的女性在容颜渐失之后又有什么收获呢？虚荣带给自己一时的光彩，却让自我丧失了一世的聪慧。

在一个由鸟儿建立起的王国里，每只小鸟都认为自己比其他鸟儿漂亮，它们也常常因此而争吵不休。一天，上帝由于受不了这样的吵闹，于是就宣布：

“我要在你们中间选出一只最美丽的作为鸟王！在此之后不得有任何一只鸟儿再为美丽而喋喋不休！”

小鸟们为了争夺王冠而修整着自己的羽毛，直到打扮得十分漂亮为止。这时候，在河边徘徊的乌鸦也想要坐上鸟王的宝座。于是它捡起了其他鸟儿落下的羽毛，插在了自己身上。等到美丽的羽毛插满了全身之后，乌鸦探着头往河里一看：“天哪！我居然也变成一只美丽的小鸟啦！”

选举的日子终于来临。在诸种鸟儿之中，乌鸦显得格外引人注目。上帝问乌鸦：“你是什么鸟类啊？竟然如此漂亮，我决定封你为王。”乌鸦听到这句话后兴奋不已。然而，就在这个时候，鸟儿们发出了异议。一只鸟发现乌鸦的身上插着自己的羽毛，于是就上前将其拔下。之后又有其他的鸟儿接连地从乌鸦身上拔下了自己的羽毛。到最后，

乌鸦全身又是一片漆黑。乌鸦羞愧无比，匆忙地躲进树丛中去了。

本来想要炫耀自我，结果却失了身份。乌鸦在无趣之中现了原形，最终成了整个鸟王国的笑柄。就像乌鸦身上的彩色羽毛一样，虚荣一旦被暴露，丢失的不仅是外表，而且是自我的尊严。

与其为了虚荣而注重于外表的修饰，还不如潜下心来充实自我的心灵。伟大的寓言家伊索就说过："向往虚构的利益，往往会丧失现在的幸福。"在期望不可能尽善尽美的同时，人们反而会失去本可得到的美好的东西。花开是美丽的，但是过于盛艳很可能就会一无所有。生活中的我们当然也不能为了博得他人一时的赞美而丢失了精神中最可贵的真挚，不能让虚荣占了上风。

爱好虚荣的人，用一件富丽的外衣遮掩着一件丑陋的内衣。

放下强出头的欲望，才能做好事

表现自己要量力而行，强出头往往会被搬不动的石头砸了自己的脚，而风头过胜，则往往危机暗伏。切记：招摇的背后往往是嘲笑的声音。

春秋时期的范武子，儿子叫范文子，世代为晋国卿士。一天，范文子很晚才从朝中回来，武子问他："为什么这么晚才回来？"文子回答说："有一个秦国客人在朝廷上说了许多诡谲的问题，大夫们都不能回答。我知道其中三个就做了回答，所以回来晚了。"武子很生气，教训他说："大夫们不是不会回答，而是尊敬长辈。你这小子凭三件事在朝廷上贬低别人，自取灭亡的日子不远了。"

说完他气得拿木杖打文子，把文子帽子上面的缨子都打断了。

为人处世，在展现自身才华的同时，切莫忘记应当量力行事。中国自古讲求中庸之道，便是要求人们不张扬，不倨傲。居功自傲、招摇过市，只能处处树敌，树大招风。保持量力行事，即使处于风暴之中依然能岿然不动。

历史上，因恃才傲物而最终引来杀身之祸者不乏其人。

建安初年，曹操考虑派一个使者到荆州劝说荆州牧刘表投降。谋士贾诩建议说："刘表喜欢与有名的人士交往，最好能物色一位著名的人物前去，才有希望达到目的。"曹操觉得有道理，就问另一个谋士荀攸说："你认为谁可以去？"

荀攸回答："当然以孔融去最好！"

孔融是孔子的第 20 代孙，担任过北海侯国的相，以能写文章与慷慨好客闻名，是当时文学界著名的"建安七子"之一，当然是比较理想的人选。曹操点头答应，并嘱咐荀攸去跟孔融打招呼。

孔融听了荀攸的话，立刻接口说："我有一位好友叫祢衡，字正平，他的才学比我高十倍。这个人足以在天子身边工作，做一个使者，更不成问题。"但孔融所推荐的祢衡却不懂得谦虚忍让，而是恃才傲物，最终被曹操所害。

历史的教训告诉我们，即便天赋异禀，才华横溢，也应当学会正确认识自己的才能。过高评价自己，恃才傲物，只能惹来不必要的祸端。

招摇的背后往往是嘲笑的声音，不自量力，总喜欢强出头容易使自己陷于绝境。

逞强不算强，你需要的是“示弱”

蜥蜴原是恐龙的同类，但是二者体积相差悬殊，几亿年前恐龙是整个地球的主宰，可是如今恐龙灭绝了，蜥蜴却活了下来。这其中有一个原因就是恐龙的体积过于庞大，不便保护自己，最终被自然淘汰了，而蜥蜴小巧灵活，虽然很弱小，却便于隐藏自己，从而保全了自己。这就是为什么自然界中是“适者生存”，而不是“强者生存”。

为人处世也一样需要“适者生存”，需要学习蜥蜴的“善于示弱”。“示弱”，就是放低姿态，在他人面前谦虚谨慎。这既是一种人生态度、独特的行为方式，又是一种生存智慧、安全之道。懂得“示弱”，学会“示弱”，对我们每一个人而言都是有百利而无一害的。

西汉初年，冒顿身为北方匈奴的首领，励精图治，一心想把匈奴打造成最强大的民族，但是当时的匈奴势单力薄，经常遭到邻邦特别是东胡的无理攻击。

匈奴人生活在西北部的草原上，以强悍善骑著称。冒顿养有一匹千里马，皮毛油黑发亮如软缎，全身上下没有一根杂毛，它能日行千里，被视为宝马。东胡知道后，便派使者到匈奴索要这匹宝马，匈奴群臣认为东胡太无理了，一致反对。

足智多谋的冒顿一眼便看穿了东胡的用意，但他并没有表露出来。他知道，一旦正面冲突，吃亏的只能是自己，于是决定忍痛割爱，满足东胡的要求。他告诉臣下：“东胡之所以要我们的宝马，是因为与我们是友好邻邦。我们哪能因为区区一匹千里马而伤害与边邻

的关系呢？这样太不合算了。”这样，他把宝马拱手送给了东胡。冒顿虽然表面上不与东胡作对，但他暗地里壮大实力，明修政治，希望有朝一日能够打败东胡。

东胡王得到千里马以后，认为冒顿是胆小怕事之人，就更加狂妄了。他听说冒顿的妻子很漂亮，就动了邪念，派人去匈奴说要纳冒顿之妻为妃。

冒顿的妻子年轻貌美、端庄贤淑，深得民心。匈奴群臣一听东胡王如此羞辱他们尊敬的王后，都气得摩拳擦掌，发誓要与东胡决一死战。冒顿更是气得咬牙切齿，然而他转念一想，东胡之所以三番五次地欺负自己，是因为东胡的力量比匈奴强大。一旦发生战争，自己的实力不济，很可能会战败。

于是他强颜欢笑，劝告群臣：“天下女子多的是，而东胡只有

一个啊！不能因为一个女人伤害与邻邦的友谊。”这样，他又把爱妻送给了东胡王。

之后，他召集群臣，指明东胡气焰嚣张的原因，分析了当时的形势，鼓励大臣们帮助他治理国家，增强国家实力，外修政治，为以后打败东胡做准备。群臣听冒顿分析得有道理，于是按照冒顿的要求兢兢业业地治理国家，以图日后报仇雪恨。

东胡王轻而易举地得到千里马与美女，认为冒顿真的惧怕他，于是更加骄奢淫逸起来。他整日寻欢作乐，不理朝政，国力越来越衰弱。然而他毫无自知之明，第三次派人到匈奴去索要两邦交界处方圆千里的土地。

此时，匈奴经过冒顿及其群臣多年的治理，政治清明，兵精粮足，老百姓安居乐业，其实力之雄厚远远超出了东胡。

事后，冒顿抓住一个适当的时机向东胡发起进攻，亲自披挂上阵，众人同仇敌忾，一举消灭了东胡。

力量弱小的匈奴能够战胜强敌东胡，就在于他们事前的示弱、守弱。

蛇吞象是很多人的梦想，然而，面对强大的对手，以小搏大蕴含着深刻的博弈智慧，先守弱、示弱，然后以弱胜强，无疑是其中的智慧精华。

面对强敌，当自己还不足以与之抗衡时，何不示弱、守弱，然后静待自己的能力增强、时机成熟时，再奋起一击？你要明白示弱绝不等于软弱，而是一种人生的清醒和智慧。知道自己的弱点，就规避了失误的风险。成功的世界总是留给有智慧的人。

示弱绝不等于软弱，而是一种人生的清醒和智慧。

不为物累，简单生活

幸福与快乐源自内心的简约，简单使人宁静，宁静使人快乐。

人心随着年龄、阅历的增长而越来越复杂，但生活其实十分简单。保持自然的生活方式，不因外在的影响而痛苦抉择，便会懂得生命简单的快乐。

头上是万里无云的朗朗晴空，手中是沁人心脾的冰镇啤酒。停在这片光秃秃的灼热沙漠上的旅宿汽车和拖车的门吱吱扭扭地被推开了……“独身漫游者”俱乐部的成员到这漫漫荒原来享受一个下午的快乐时光。

这数十名俱乐部成员全都是头发灰白的老者，而且全都是单身人士。他们聚集在一簇簇风滚草旁开始饮酒、讲故事。这个俱乐部是在西部的高速公路上打发时光的、人数越来越多的退休者大军中的一支队伍，斯拉布城是他们的最新休憩地点。他们在临时搭起的帐篷上空升起美国国旗，国旗在沙漠的疾风中呼啦作响。

埃尔伍德·威尔逊问道：“你以为我们会愿意整天闲坐着不动吗？”他喝下一大口米尔沃基啤酒后说：“绝非如此。”上年纪了，住进退休者之家，日夜守在电视机旁，周日没完没了地招待儿女和孙辈——谁愿意过这样的日子？他们所向往的是没有尽头的公路。

由于提前退休的人有所增加，以及医学的进步使更多的老年人健康长寿，也由于现在有了像佛罗里达公寓一样舒适的新型车辆，以公路为家成了一种新型的生活方式。许多人卖掉房子，把家当存放起来，把终生的储备兑换成金钱，然后告别自己旧有的生活方式，乘坐各式各样的车辆，冬季穿行于西部广袤的沙漠，夏季漫游于太平洋西北沿岸茂密的森林，然后在适当的时候再转动方向盘，开始新的游历。

有些人在公路上生活得太久了，以至于对任何其他生活方式都不能接受。退休护士佩吉·韦布自5年前和退役的丈夫卖掉房子起，就一直驾车漫游。一天早上，她一边在画板上练习绘画，一边说："我从未想到我会有这样的勇气。但是，我们的孩子都长大成人了。我们住在空空荡荡的房子里，不知该干什么。于是我们便上路了。现在我认为我永远不会再像以前那样生活了。"

也许，这种生活方式该算最彻头彻尾的"简单生活"了。人们几乎都在通过自己独特的途径探索最简单的、最符合心灵需求的新生活方式，以替代目前日渐奢侈、日渐烦冗的生活。

简单的生活，快乐的源头，为我们省去了汲汲于外物的烦恼，又为我们开阔了身心解放的快乐空间。"简单生活"并不是要你放弃追求，放弃劳作，而是要抓住生活、工作中的本质及重心，以四两拨千斤的方式，去掉世俗浮华的琐务。

简单，每每能找到生活的快乐，平凡是人生的主旋律，简单则是生活的真谛。

>>> 第三章

放下自卑和无端忧虑

——世上没有过不去的坎

也许你正处在困境中，也许你正为情所弃。无论什么原因，请你在出门时，一定要让自己面带微笑，从容自若地去面对生活。只要你自己真正撑起来了，别人无论如何是压不垮你的。不要惶恐眼前的难关迈不过去，不要担心此刻的付出没有回报，你想要的，岁月都会给你。

最糟，也不过从头再来

昨天所有的荣誉，已变成遥远的回忆。辛辛苦苦已度过半生，今夜重又走入风雨。我不能随波浮沉，为了我挚爱的亲人。再苦再难也要坚强，只为那些期待眼神。心若在梦就在，天地之间还有真爱。看成败人生豪迈，只不过是从头再来。

相信大家对这首《从头再来》不会陌生，曾几何时，这首催人奋发的歌曲陪伴着我们走过了人生的风风雨雨，从绝望无助到勇往直前。

“你怎么了？亲爱的！”妻子笑容可掬地问道。

“完了！完了！我破产了，家里所有的财产明天就要被法院查封了。”他说完便伤心地低头饮泣。

妻子这时柔声问道：“你的身体也被查封了吗？”

“没有！”他不解地抬起头来。

“那么，我这个做妻子的也被查封了吗？”

“没有！”他拭去了眼角的泪，无助地望了妻子一眼。

“那孩子们呢？”

“他们还小，跟这些事情根本无关呀！”

“既然如此，那么怎能说家里所有的财产都要被查封呢？你还有一个支持你的妻子以及一群有希望的孩子；而且你有丰富的经验，还拥有上天赐予的健康的身体和灵活的头脑。至于丢掉的财富，就当是过去白忙一场，以后还可以再赚回来的，不是吗？”

听了妻子的话，企业家站起身来，重新振作了精神，几年后，他的公司又恢复了往日的辉煌。

无论是面临自然灾难还是人生难题，我们都应有一切不过从头再来的勇气和决心。还记得小时候学骑自行车的情形吗？摔倒了，裤子划破了，膝盖也出血了，虽然感到疼痛，然而我们并没有因此而放弃，而是坚强地站起来，拍拍灰尘，扶起自行车继续练习。虽

然明知道接下来可能还会摔得鼻青脸肿、鲜血直流，但为了尽快学会骑自行车，再苦再难也坚持了下去。摔倒了再起来，又摔倒了又起来，直到自己学会为止。小时候我们都知道一切不过从头再来，更何况长大后的我们呢？

“看成败人生豪迈，只不过是从头再来”，刘欢用他豪迈的歌声告诉我们，重新起跑确实不是一件坏事，我们完全可以准备好从头再来。

在社会中打拼，不可能总是一帆风顺、事事顺心，谁都难免遭受挫折与不幸，甚至失败。比如，你的想法得不到家人的支持，你的创意总是被老板否定，当你试图主动提建议时总是遭到领导的白眼等，这些都是很多人在奋斗中经历过的挫折，是很难避免的。但是如果你就此把眼光拘泥于挫折的痛感之上，就很难抬头向前看，更不会取得跨越性的成功。

失败在很大程度上标志着一个新的起点，它是通向成功道路中的一道绚丽风景，是失败者东山再起的一块基石。

有位哲学家说过：“失败，是步入更高的开始。”检验一个人，最好是在他失败的时候：看失败能否唤起他更多的勇气；看失败能否使他更加努力；看失败能否使他发现新力量，挖掘潜力；失败以后，看他是更加坚定信心还是就此心灰意懒。

失败算什么？挫折又算什么？最糟，也不过是从头再来。

失败是一个棒槌，能激发我们沉睡的激情，锤炼我们的意志，让我们做人生的“冠军”。

从阴影中走出来，以积极状态创业

世间很多事情都是难以预料的，亲人的离去、生意的失败、失恋、失业……打破了我们原本平静的生活。以后的路究竟应该怎么走？我们应当从哪里起步？这些灰暗的影子一直笼罩在我们的头上，让我们裹足不前。

难道活着真的就这么难吗？日子真的就暗无天日吗？其实，并不是这样的。在这个世界上，为何有的人活得轻松，而有的人却活得沉重？因为前者拿得起，放得下；而后者拿得起，却放不下。

很多人在受到伤害之后，一蹶不振，在伤痛的海洋里沉沦。只得到不失去是不可能的，而一个人在失去之后就对未来丧失信心和希望，又怎么能在失去之后再得到呢？人生又怎能过得快乐幸福呢？

被誉为“经营之神”的松下幸之助 9 岁起就去大阪做小伙计，后来，父亲的过早去世又使得 15 岁的他不得不挑起生活的重担，寄人篱下的生活使他过早地体验了做人的艰辛。

22 岁那年，他晋升为一家电灯公司的检查员。就在这时，松下幸之助发现自己得了家族病，他已经有 9 位家人在 30 岁前因为家族病离开了人世。

他没了退路，反而对可能发生的事情有了充分的思想准备，这也使他形成了一套与疾病做斗争的办法：不断调整自己的心态，以平常心面对疾病，调动机体自身的免疫力、抵抗力与病魔斗争，使自己保持旺盛的精力。这样的过程持续了一年，他的身体也变得结实起来，内心也越来越坚强，这种心态也影响了他的一生。

经过患病一年来的苦苦思索，他决心辞去公司的工作，开始独立经营插座生意。创业之初，正逢第一次世界大战，物价飞涨，而松下幸之助手里的所有资金还不到100元。公司成立后，最初的产品是插座和灯头，却因销量不佳，使得工厂到了难以维持的地步，员工相继离去，松下幸之助的境况变得很糟糕。

但他把这一切都看成是创业的必然经历，他对自己说："再下点功夫，总会成功的！已有更接近成功的把握了。"他相信：坚持下去取得成功，就是对自己最好的报答。功夫不负有心人，生意逐渐有了转机，直到6年后拿出第一个像样的产品，也就是自行车前灯时，公司才慢慢走出了困境。

1929年经济危机席卷全球，日本也未能幸免，大量产品销量锐减，库存激增。1945年，日本的战败使得松下幸之助变得几乎一无所有，剩下的只是近10亿元的巨额债务。一次又一次的打击并没有击垮松下幸之助，如今松下已经成为享誉全世界的知名品牌，而这个品牌也是在不断的磨砺之中逐渐成长起来的。

如果当初在得知自己患上家族病的那一刻，松下就将自己埋没在悲伤之中，那么，或许今天我们就不会看到松下这个品牌了。然

而我们看到，松下并没有被悲伤所埋没，而是从灰暗的阴影中走了出来，以积极的状态投入创业，最终取得了惊人的成绩。

他以自身的经历告诉我们，生活中有各种各样我们想不到的事情，其实这些事情本身并不可怕，可怕的是我们无法从这些事情所造成的影响中抽身出来，尽早地以最新、最好的状态投入到对事业的追求中。哪怕我们身无分文，哪怕我们负债累累，哪怕我们失去了亲人温暖的臂膀，哪怕我们不得不在茫茫的尘世中孤军奋战，只要拥有积极乐观的心态，勇敢地去面对生活中的种种磨砺，在创业的险途中奋勇向前，通过一点一滴的积累、一点一滴的打拼，终将取得事业的成功。

既能拿得起也能放得下，能及时走出人生的阴影，才能收获创业的成功。

没有过不去的坎，只有过不去的心

每个人的一生中都会遇到各种各样的坎，这些坎牵绊着我们，让我们难以前行，假若这个时候你灰心丧气的话，你可能永远无法跨越这个坎。而实际上，人生并没有什么过不去的坎，只是你没有跨过去的勇气而已。

帕克在一家汽车公司上班。很不幸，一次机器故障导致他的右眼被击伤，抢救后还是没有保住，医生摘除了他的右眼球。帕克原本是一个十分乐观的人，现在却成了一个沉默寡言的人。他害怕上街，因为总是有那么多人看他的眼睛。

他的休假一次次被延长，妻子艾丽丝负担起了家庭的所有开支，并且在晚上又兼了一个职。她很在乎这个家，她爱着自己的丈夫，想让全家过得和以前一样。艾丽丝认为丈夫心中的阴影总会消除的，只是时间问题。

但糟糕的是，帕克的另一只眼睛的视力也受到了影响。在一个阳光灿烂的早晨，帕克问妻子谁在院子里踢球时，艾丽丝惊讶地看着丈夫和正在踢球的儿子。以前，儿子即使到更远的地方，他也能看到。艾丽丝什么也没有说，只是走近丈夫，轻轻地抱住他的头。

帕克说："亲爱的，我知道以后会发生什么，我已经意识到了。"艾丽丝的泪就流下来了。

其实，艾丽丝早就知道这种后果，只是她怕丈夫受不了打击而要求医生不要告诉他。帕克知道自己要失明后，反而镇静多了，连艾丽丝也感到奇怪。

艾丽丝知道帕克能见到光明的日子已经不多了，她想为丈夫留下点什么。她每天把自己和儿子打扮得漂漂亮亮，还经常去美容院。在帕克面前，她不论心里多么悲伤，总是努力微笑。

几个月后，帕克说："艾丽丝，我发现你新买的套裙颜色很旧！"艾丽丝说："是吗？"她躲到一个他看不到的角落，低声哭了。她那件套裙的颜色在太阳底下绚丽夺目。她想，还能为丈夫留下什么呢？

第二天，家里来了一个油漆匠，艾丽丝想把家具和墙壁粉刷一遍，让帕克的心中永远有一个新家。油漆匠工作很认真，

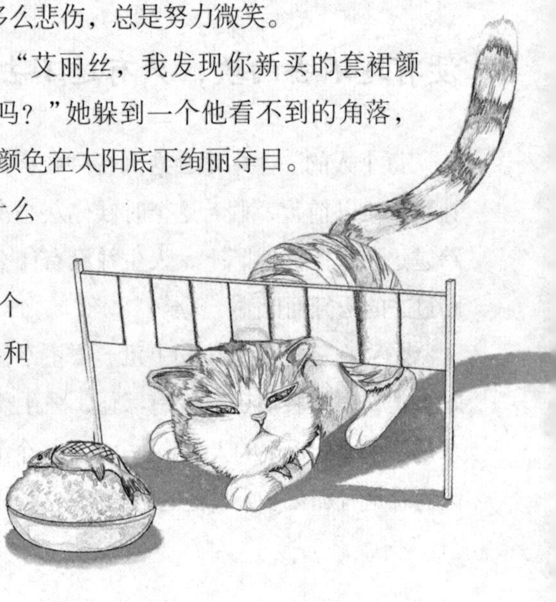

一边干活还一边吹着口哨。干了一个星期，所有的家具和墙壁都刷好了，他也知道了帕克的情况。油漆匠对帕克说："对不起，我干得很慢。"帕克说："你天天那么开心，我也为此感到高兴。"算工钱的时候，油漆匠少算了100元。艾丽丝和帕克说："你少算了工钱。"油漆匠说："我已经多拿了，一个等待失明的人还那么平静，你告诉了我什么叫勇气。"但帕克坚持要多给油漆匠100元，帕克说："我知道了，原来残疾人也可以自食其力，生活得很快乐。"原来油漆匠只有一只手。

就像帕克和油漆匠一样，他们经历了不幸，可能在刚开始的时候都觉得人生灰暗无比，但是当他们满怀勇气地面对的时候，发现其实也没有什么大不了的。世上不存在真正难以逾越的坎，只有愿不愿意迈出的脚步和过不过去的心态。

人生根本没有什么过不去的坎，真正过不去的是你自己的心！

改变心境，发现生活的美好

一个人具有什么样的心态，决定他可以成为一个什么样的人，也决定了他能够拥有一个什么样的人生。事情往往是这样，你相信会有什么结果，就可能会有什么结果。人有时可以通过改变自己的心境来改变自己的人生，对于身处逆境中的人来说更是如此。

有一位经营服装批发的商人，由于经营不善，赔了几笔生意。为此，他整天心情郁闷，每天晚上都睡不好觉。

妻子见他愁眉不展的样子十分担心，就建议他去找心理医生看看，于是他前往医院去看心理医生。

医生见他双眼布满血丝，便问他："怎么了，是不是受失眠所苦？"批发商人说："可不是嘛！"心理医生开导他说："这没有什么大不了的！你回去后如果睡不着就数数绵羊吧！"商人道谢后离去了。

过了一个星期，他又来找心理医生。他双眼又红又肿，精神更加不振了，心理医生非常吃惊地说："你是照我的话去做的吗？"商人委屈地回答说："当然是呀！还数到3万多头呢！"心理医生又问："数了这么多，难道还没有一点睡意？"商人答："本来是困极了，但一想到3万多头绵羊有多少毛呀，不剪岂不可惜。"心理医生于是说："那剪完不就可以睡了？"商人叹了口气说："但头疼的问题来了，这3万头羊毛所制成的毛衣，现在要去哪儿找买主呀？一想到这儿，我更睡不着了！"

有些事想得太远，就会形成太多的压力，烦恼也会随之而来。因此我们要学会静心，不去牵挂那些不该牵挂的事情，这样才能轻松快乐。大凡终日烦恼的人，实际上并不是遭遇了多大的不幸，而是自己的内心对生活的认识存在着片面性。真正聪明的人即使处在烦恼的环境中，也能够自己寻找快乐。

伟大的心理学家阿德勒一生都在研究人类的潜能，他曾经宣称自己发现了人类最不可思议的特性——人具有一种反败为胜的力量。这种力量是每个人都拥有的，如果你不满意自己的现状，想改变它，那么请改变你自己的心态，让它始终处在阳光下。如果你有了积极的心态，能够积极乐观地改善自己的环境和命运，那么你周围所有的问题都会迎刃而解。

战时，汤姆森太太的丈夫到一个位于沙漠中心的陆军基地去驻防。为了能经常与他相聚，她搬到基地附近去住。

那儿实在是个可憎的地方，她简直没见过比那儿更糟糕的地方。

她丈夫出外参加演习时，她就只好一个人待在那间小房子里。那儿热得要命，仙人掌阴影下的温度都很高，没有一个可以谈话的人，风沙很大，四周荒芜。

汤姆森太太觉得自己倒霉透了，于是她写信给她父母，告诉他们她放弃了，准备回家，她一分钟也不能再忍受了，她宁愿去坐牢也不想待在这个鬼地方。她父亲的回信只有三行，这三句话常常萦绕在她的心中，并改变了汤姆森太太的一生：有两个人从铁窗朝外望去，一个人看到的是满地的泥泞，另一个人却看到满天的繁星。

她把父亲的这几句话反复念了多遍，忽然间觉得自己很笨，于是她决定找出自己目前处境的有利之处。她开始和当地的居民交朋友，他们都非常热心，当汤姆森太太对他们的编织和陶艺表现出极大兴趣时，他们会把那些舍不得卖给游客的心爱之物送给她。她开始研究各种各样的仙人掌，顶着太阳寻找土拨鼠，观赏沙漠的黄昏，寻找 300 万年以前的贝壳化石。

她发现的这片新天地令她既兴奋又刺激。于是她开始着手写一本小说，讲述她是怎样逃出了自筑的牢狱，找到了美丽的星辰。汤姆森太太成了一个快乐的人，她终日保持着微笑，也因此赢得了当地人的喜爱。

是什么给汤姆森太太带来了如此惊人的变化呢？答案就在于她自己心境的改变。她改变了自己的消极观念，开始去尝试发现生活中的美好，也正是这种改变使她有了一段精彩的人生经历。

生活中一些困难或愿望得不到实现时，人难免会产生负面的情绪体验。如果你不快乐，那么不妨仔细想一下，是不是那些悲观的念头像一张网一样缠绕了你的心灵？

历史的长河汹涌澎湃，人生也不过短暂的几十年时间。这样短暂的生命，我们是用来烦恼，把自己和烦恼牢牢捆绑在一起，还是轻松地面对输赢，微笑地面对挑战？答案不言而喻。

同样是生活，为什么要被烦恼囚禁，放不开手脚？即便踢球踢不过一般人，唱歌经常跑调跑得拉不回来，个子矮小，这又怎么样？谁说这样的人就不能踢球，就不能唱歌？没有什么好烦恼的，放下一切，兀自享受你当下该享受的快乐即可。

旁观拍手笑疏狂，疏又何妨？狂又何妨？

记住，明天又是新的一天

相信每一个读过美国作家玛格丽特·米切尔的《飘》的人，都会记得主人公思嘉丽在小说中多次说过的话。在面临生活困境与各种难题的时候，她都会用这句话来安慰和开脱自己——“无论如何，明天又是新的一天”，并从中获取巨大的力量。

和小说中思嘉丽颠沛流离的命运一样，我们一生中也会遇到各种各样的困难和挫折。面对这些一时难以解决的问题，逃避和消沉是解决不了问题的，唯有以阳光的心态去迎接，才有可能最终解决。阳光的人每天都拥有一个全新的太阳，积极向上，并能从生活中不断汲取前进的动力。

“不论担子有多重，每个人都能支持到夜晚的来临，”寓言家罗伯特·史蒂文生写道，“不论工作有多苦，每个人都能做他那一天的工作，每一个人都能很甜美、很有耐心、很可爱、很纯洁地活到太阳下山，而这就是生命的真谛。”不错，生命对我们所要求的也就是这些。

可是住在密歇根州沙支那城的薛尔德太太，在学到“要生活到上床为止”这一点之前，却感到极度的颓丧，甚至于几乎想自杀。

1937年，薛尔德太太的丈夫死了，她觉得非常颓丧而且几乎一文不名。她写信给她以前的老板，请他让她回去做她以前的工作。她以前靠推销《世界百科全书》过活。两年前她丈夫生病的时候，她把汽车卖了。于是她勉强凑足钱，分期付款才买了一部旧车，又开始出去卖书。她原想，再回去做事或许可以帮她摆脱她的颓丧。可是要一个人驾车，一个人吃饭，几乎令她无法忍受。有些区域简直就做不出什么成绩来，虽然分期付款买车的数目不大，却很难付清。

1938年的春天，她到密苏里州的维沙里市，那里的学校都很穷，路很坏，很难找到客户。她一个人又孤独又沮丧，有一次甚至想要自杀。她觉得成功是不可能的，活着也没有什么希望。每天早上她都很怕起床面对生活。她什么都怕，怕付不出分期付款的车钱，怕付不出房租，怕没有足够的东西吃，怕她的健康情形变坏而没有钱看医生。让她没有自杀的唯一理由是，她担心她的姐姐会因此而觉得很难过，而且她姐姐也没有足够的钱来支付自己的丧葬费用。

然而有一天，她读到一篇文章，使她从消沉中振作起来，使她有勇气继续活下去。她永远感激那篇文章里的一句很令人振奋的话："对一个聪明人来说，太阳每天都是新的。"她用打字机把这句话打下来，贴在车子的挡风玻璃上，这样，在她开车的时候，每一分钟都能看见这句话。她发现每次只活一天并不困难，她学会忘记过去，每天早上都对自己说："今天又是一个新的生命。"

薛尔德太太成功地克服了对孤寂的恐惧和对需要的恐惧。她现在很快活，也还算成功，并对生命抱着热忱和爱。她现在知道，不论在生活上碰到什么事情，都不要害怕；她现在知道，不必害怕未来；她现在知道，每次只要活一天，"对一个聪明人来说，太阳每天都是新的"。

在日常生活中，可能会碰到极令人兴奋的事情，也同样会碰到令人消极的、悲观的坏事，这本来应属正常。如果我们的思维总是围着那些不如意的事情转的话，也就相当于往下看，那样终究会摔下去的。因此，我们应尽量做到脑海想的、眼睛看的，以及口中说的都是光明的、乐观的、积极的，相信每天的太阳都是新的，明天又是新的一天，发扬往上看的精神才能在我们的事业中获得成功。

古希腊诗人荷马曾说过："过去的事已经过去，过去的事无法挽回。"的确，昨日的阳光再美或者风雨再大，也移不到今日的画册。我们又为什么不好好把握现在，充满希望地面对未来呢？

只管走过去，不要沉迷于一朵花，因为一路上，花朵会继续开放的。

放下忧郁，让眉头永远舒展

烦恼如贼，偷窃人生。世人往往被各种各样莫名其妙的忧愁烦恼占据身心，心灵不得解脱，没有安宁静穆的时候，不管醒时睡时、忙时闲时。

古代有个名叫比丘的人学习入定，可是每当入定不久，就感到有只大蜘蛛钻出来捣乱。他感到很苦恼，可又没有解决的办法，只得去请教老和尚。“我一入定，就有大蜘蛛出来捣乱，赶也赶不走它，搅得我心烦意乱，我该怎么办呢？”“下次入定时，你拿支笔在手里，如果大蜘蛛再出来捣乱，你就在它的肚皮上画个圈，看看是哪路妖怪？”老和尚出主意说。

得到老和尚的传授，比丘准备了一支笔。一次刚刚入定，果然大蜘蛛又跑出来了。比丘见状毫不客气，拿起笔来就在蜘蛛的肚皮上画了个圆圈。谁知刚一画好，大蜘蛛就消失了，并且再没出来捣乱。因为没了大蜘蛛，比丘安然入定，再无困扰。

后来，比丘出定了，他很想找到刚才的那只大蜘蛛，他按刚刚画的圈记寻找，却惊奇地发现本该画在大蜘蛛肚皮上的圆圈竟然在自己的肚脐周围。

这时，比丘恍然大悟，入定时的那个破坏分子大蜘蛛，不是来于外界，而是自己心神不定造成的。

可见，我们的烦恼和困扰皆来自于自身的不安定。正如故事中的比丘一样，我们之所以烦扰，皆因心不安守本分。

是非天天有，我们怎么办？真正的开悟，就是把烦恼、忧虑、分别和执着的心通通放下。

这是个众生喧哗的时代，人潮汹涌，熙来攘往，生活被忙碌与奔波充塞，被不安和烦躁缠绕，心里不是个滋味，却又说不出为何如此。可见，烦恼对人的困扰有多大。

烦恼如丝千千结，何苦自寻这么多烦恼呢？我们每天到底在烦恼些什么呢？怎样才能少些烦恼、多点洒脱呢？

清空内心的烦恼和忧虑，人的心灵也将变得舒畅，这也是摆脱心理压力的一个好方法。关于烦恼的由来，曾有人给出了答案，乃因我们“无故寻愁觅恨”，真是一针见血啊！

在这个世界上，本来苦楚烦愁已经够多了，我们自己却偏偏“身在此山中，云深不知处”，总是火上浇油、愁上添愁。“抽刀断水水更流，举杯消愁愁更愁”，诗仙李白如是说，他又是怎么做的呢？“人生在世不称意，明朝散发弄扁舟”。

凡夫俗子当然没有这样的透彻和飘逸，因而每天都在为各种各样的事情而烦恼，学业、工作、婚姻、健康、财富……层层相印，无穷无尽。我们就像过滤器，烦恼的渣滓留驻了，却不知怎样除空洁净。这并非大家都多愁善感，实在是众生本相。

一念万年，万年一念，一刹那就是永恒无尽的象征。这是我们讲到的人的心念，一念之间，包含了八万四千个烦恼，这也就是我们的人生。解脱了这样的烦恼，空掉一念就成佛了，就是那么简单。

人不是佛，若没有烦恼，人也不称其为人。佛为何在莲花宝座上拈花微笑呢？也许就是笑世人都在烦恼吧。西语有云，人类一思考，上帝就发笑。意义相通也。

“天下本无事，庸人自扰之”，俗世中人为什么难得心安呢？因为放纵情绪如同脱缰的野马，心里堆满了各样繁杂事物，总是有千种思虑、万般妄想，也难怪人们感到处处烦恼了。

告别庸人自扰，才能追求快乐人生。有些时候，并不是烦恼在追着我们跑，而是我们追着它不放，既然如此，何不放开烦恼，让心灵得到安定呢？

世界上的事往往就是这样，外因是变化的条件，只有内因才起决定作用。

放下防御，打开自闭的心灵

想着那走过的路，你总觉得有太多悲伤无法躲藏，看着生活的纷乱不堪，你决定把曾经的美好撕去，把自己裹藏起来。从此，心灵穿上防御的铠甲，开始孤独地行走。可是，你还是没有找到那欢乐的往昔，朋友，世事不是一个定格的照片，不会永远地停留在原地，你为何不打开自闭的心灵，重新寻找拥抱的欢喜？

许多天以来，小和尚总是默默发呆，不见往日的活泼。一天，老和尚带着小和尚走出寺院，来到一处山坡。这里小草青青，溪水潺潺，时不时传来悦耳的鸟声。

老和尚选好一处，随后心平气和地坐在草地上打坐，并未说一句话。小和尚不明白师父的用意，径自坐在旁边，偶尔偷窥师父。

直到夜晚降临，老和尚方开口问道："现在景色如何？"

小和尚答道："天黑黑的，没有景色。"

老和尚说道："不，我们周围还有绿草、鲜花、溪水、清风，一切都还在。"

小和尚顿悟，明白了师父的苦心，许多天笼罩在心头的阴霾一扫而空。

黑色的夜幕就像人们给自己的心灵穿上的铠甲，当黑夜降临时，我们无法看清事物，也无法看清自己；只有等到黎明到来，才能见到清风、绿草、小溪……也只有卸掉防御的铠甲，打开自闭的心灵，才不会无视原本存在的美好，才能重新感知那份温暖。

别再蜷缩在一个人的角落，如果，你已经习惯了一个人的孤单，你也一定能习惯一群人的狂欢。每个人都打开自闭的心灵，让晴空成为心里的风景；别再站在地铁里，唱着寂寞的歌，一张车票，穿梭了整个城市，也没有找到心的去处。

人生风风雨雨，只有卸掉防御的铠甲，才能不被它所累倒，才能换一种心情解读人生。试想，如果陶潜没有为自己的心灵打开一扇窗，卸掉尘世的铠甲，哪有"归去来兮"的欣喜雀跃；如果易安没有为自己的心灵打开一扇窗，卸掉悲伤的铠甲，哪有"落日熔金"的豪迈篇章；如果柳永没有为自己的心灵打开一扇窗，卸掉忧思的铠甲，哪有"奉旨填词柳三变"的美名远扬。

朋友，卸掉防御的铠甲吧，不要因为太多的繁杂疲惫了自己的心灵，迷失了方向，禁锢了自己的双脚。人生的每一步，都不可能代表永远，昨日再多的伤害和泪水，必将磨砺出未来日子的甘甜。昨日不可留，今日亦不可浪掷，只要你不甘于现状的灰暗，只要你的内心也渴望着新的春天，那么请试着打开自闭的心灵吧，你会发现外面早已是晴空无限，万物生香。

卸掉心灵的铠甲，人生才幻化出绮丽新生。

一个人思虑太多，就会失去做人的快乐

有一个年轻的主妇向自己的朋友抱怨自己的工作“单调乏味”。她举例说，她刚刚铺好床，床马上就被弄乱了；刚刚洗好碗碟，碗碟马上就被用脏了；刚刚擦净了地板，地板马上就被弄得乱七八糟。她说：“你刚刚把这些事做好，马上就会被人弄得像是未曾做过一样。”她进一步抱怨道：“再这样下去，我简直要发疯！”

年轻主妇的朋友是一位相当聪明的人，他不动声色地说：“这真是令人扫兴。有没有妇女喜欢家务劳动？”

她说：“啊，有的，我想是有的。”

这位朋友又问：“她们在家务劳动中有没有发现什么使得她们感到有趣、保持热情的东西呢？”

主妇思考了片刻回答道：“也许在于她们的态度。她们似乎并不认为她们的工作是负担，而看见了超越日常工作的什么东西。”

两千多年前，雅典政治家伯利克里曾经给人类留下一句忠言：“请注意啊！先生们，我们太多地纠缠于一些小事了！”这句话，对今天的人们来说仍然值得品味和借鉴。对于一般人来说，生活就是由

无数的小事组合而成的，甚至对那些大人物来说也是如此。

每个人的生活中，小事都是无处不在、无时不有的，如果你过多地拘泥和计较小事，那么人生就根本没有什么乐趣可言了，触目所及的必然都是矛盾和冲突。

想一想，你挤公共汽车时，有人不小心踩了你的脚；或者你去买菜时，有人无意间弄脏了你的裙子；有时走在路上，说不定从道旁楼上落下一个纸团，打在你头上……此时此刻，如果你不是大事化小、小事化了，而是口出污言秽语，大发雷霆，说不定会惹出什么祸事来。

我们的生活正是由许许多多琐碎的小事所构成，如果对每一个细节都过于计较，过于执着，那么人生只能有无尽的烦恼。正如之前所提到的家庭主妇，如果能够以更为开阔的心胸和乐观的心态来看待生活中的这些琐事，看到其中所寄托的对家人的爱，看到从混乱中寻找秩序本身所蕴含的人生真谛，那么试问，她是否还会认为这一切仅仅是毫无意义、令人扫兴的琐事呢？

有哲人说过，“智慧是一种烦恼”，思虑太多，快乐也就不复存在。反之，如果你能够以开阔的心胸，平和的心态坦然面对人生中的各种遭际，自然能够拥有柳暗花明又一村的美丽心情。

世间本无事，庸人自扰之，思虑太多，就会失去做人的快乐。

调节身心，做情绪的主人

情绪如同一枚炸药，随时可能将你炸得粉身碎骨。遇到喜事喜极而泣，遇到悲伤的事情一蹶不振，人世间的悲欢离合都被人的心绪所左右。

爱、希望、同情、乐观、快乐、愤怒、恐惧、悲哀、疼痛、贪婪、嫉妒，都是人的情绪。情绪可能带来伟大的成就，也可能带来惨痛的失败，人必须了解、控制自己的情绪，勿让情绪左右自己。情绪的控制，取决于一个人的气度、涵养、胸怀、毅力。气度恢宏、心胸博大的人都能做到不以物喜，不以己悲。

激怒时要疏导、平静；过喜时要收敛、抑制；忧愁时宜释放、自解；思虑时应分散、消遣；悲伤时要转移、娱乐；恐惧时寻找支持、帮助；惊慌时要镇定、沉着……情绪控制好，心理、身体才健康。

空姐吴尔愉是个控制情绪的高手。她的优雅美丽来自一份健康的心态。她认为，遇到心里不畅快，一定要与人沟通，释放不快。如果一个人习惯用自己的优点和别人的缺点比，对什么都不满意，却对谁都不说，日积月累，不但她的心情很糟糕，就是她的皮肤也会粗糙，美貌当然会减半。所以，有不开心、不顺心的，一定要找一个倾诉的伙伴，不但自己能一吐为快，朋友也能从旁观者的角度给你建议，让你豁然开朗。在工作中，她善于控制情绪，让工作成为好心情的一部分。飞机上常常遇见刁钻、挑剔的客人，吴尔愉总是能够让他们满意而归。她的秘诀就是自己要控制好情绪，不要被急躁、忧愁、紧张等消极情绪所左右，要换位思考，乐于沟通。

有一位患上皮肤病的客人在飞机上十分暴躁，一些空姐都被他惹得生起气来。此时吴尔愉却亲切地为他服务，并且让空姐们想想如果自己也得了皮肤病，是否会比他还暴躁。在她的劝导下，大家都细心照顾起这位乘客。

做自己情绪的主人，是吴尔愉生活的准则，也是她事业成功的秘诀。以她名字命名的“吴尔愉服务法”已成为中国民航首部人性化空中服务规范。人有喜怒哀乐不同的情绪体验，不愉快的情绪必须释放，以求得心理上的平衡。但不能发泄过分，否则，既影响自己的生活，又加剧了人际矛盾，于身心健康无益。

当遇到意外的沟通情景时，就要学会运用理智和自制，控制自己的情绪，轻易发怒只会造成负面效果。

焦虑的时候，理智地分析原因，冷静地恢复自信心，使自己振奋，摆脱主观臆断。抑郁的时候，可以用郊游、运动、与人交谈、读书写字、听音乐、看图画等活动来转移注意力。健康有益的活动，往往对人产生良性刺激，使你得以解脱。

愤懑的时候，增强对自我价值认识，不妨暂且松懈甚至放弃一下竞争的积极性，让自己的情绪得到缓冲，减轻一下环境的刺激。嫉妒的时候，让自己拥有一颗宽容的心，试着去欣赏别人的成功与优秀，勿把时间、生命、精力浪费在议论别人身上。

面临困境，不要让消极情绪占据你的头脑。保持乐观，将挫折视为鞭策自己前进的动力，遇事多往好处想，多聆听自己的心声，给自己留一点时间，平心静气，努力在消极情绪中加入一些积极的思考。

累了，去散一会儿步。到野外郊游，到深山大川走走、散散心，极目绿野，回归自然，荡涤一下胸中的烦恼，清理一下混浊的思绪，净化一下心灵尘埃，唤回失去的理智和信心。

唱一首歌。一首优美动听的抒情歌、一曲欢快轻松的舞曲或许会唤起你对美好过去的回忆，引发你对灿烂未来的憧憬。

读一本书。在书的世界遨游，将忧愁悲伤统统抛诸脑后，让你的心胸更开阔，气量更豁达。

看一部精彩的电影，穿一件漂亮的新衣，吃一点最爱的零食……不知不觉间，你的心不再是情绪的垃圾场，你会发现，没有什么比被情绪左右更愚蠢的了。

生活中许多事情都不能被我们左右，但是我们可以左右我们的心情，不再做悲伤、愤怒、嫉妒、消极的奴隶，以一颗积极健康的心去面对生活的每一天。

能适度地表达和控制自己的情绪，才能成为情绪的主人。

幸福在于失意时及时放下

“爱情没有了，回忆起来甜蜜多一点还是痛苦多一点？”我们常常会遇到这样的问题，很多人觉得失去了当然是痛苦大于幸福，想起分手时刻的那些伤害和痛苦的眼泪，这些都会让人心中隐隐作痛。而有一个人却说：“分手了，我记得最多的还是甜蜜，因为我忘记了那个人和那些痛苦，留在记忆里最多的还是曾经有一份很美的爱情。”

的确，很多时候，我们伤心、痛苦的时候，最多的还是因为我们无法忘记那些伤痛和失意，那些记忆犹如明镜一般被我们悬挂起来，每天都在看，每时都在想，这样的话我们又怎能快乐呢？所以，在失意的时候，人当学会忘记那些不快，才能够真正地快乐，才能开始生活新的一页。

生于尘世，每个人都不可避免地要经历苦雨凄风，面对艰难困苦，想开了就是天堂，想不开就是地狱。而忘记就是一服良药，能愈合你的伤口，让你怀着新的希望上路。

人的一生，就像一趟旅行，沿途中有数不尽的坎坷泥泞，但也有看不完的春花秋月。如果我们的一颗心总是被灰暗的风尘所覆盖，干涸了心泉、暗淡了目光、失去了生机、丧失了斗志，我们的人生轨迹岂能美好？而如果我们能保持一种健康向上的心态，即使我们身处逆境、四面楚歌，也一定会有“山重水复疑无路，柳暗花明又一村”的那一天。

悲观失望者一时的呻吟与哀叹虽然能得到短暂的同情与怜悯，但最终的结果必然是别人的鄙夷与厌烦；而乐观上进的人，经过长期的忍耐与奋斗，最终赢得的将不仅仅是鲜花与掌声，还有那饱含敬意的目光。

虽然，每个人的人生际遇不尽相同，但命运对每一个人都是公平的。因为窗外有土也有星，就看你能不能磨砺出一颗坚强的心和一双智慧的眼，透过岁月的烟尘寻觅到辉煌灿烂的星星。

很多人在失意的时候学会了抱怨，学会了沉沦。忘不掉别人给予的伤痛，也就是拿别人的错误来惩罚自己。就如失恋，不是因为你不够优秀，也不是因为你倒霉，而是你在错误的时间遇到了不适合的人。分开很正常，因为你需要腾出时间和位置去给那个适合的人，但是在你沉沦的那一刻起，你的记忆里装满的都是曾经的伤，又怎能给那个新的人空间呢？

在生活中，有很多的无奈要我们去面对，有很多的道路需要我们去选择。忘记一些原本不应该属于自己的，去把握和珍惜真正属于自己的东西！忘记那些怅惘，为了轻快地歌唱；忘记一段凄美，为了轻柔地梦想。忘记，是一种伤感，但更是一种美丽。

一个塞满了旧的回忆的大脑，永远无法容纳新鲜的东西。

>>> 第四章

放下嫉妒和抱怨

——在宽容的围墙里亲吻幸福

有的人总是爱抱怨和嫉妒，甚至当成了一种生活习惯。因为抱怨可以出气宣泄，可以麻醉心灵，甚至会把自己的某些挫折、失败归于外界因素等。但不管怎么说，谁听到那些喋喋不休的抱怨，都只会觉得不顺耳，不开心，甚至厌恶。与其抱怨和嫉妒，不如调整自己的心态，只有学会了宽容，才能够乐观地生活。

放下抱怨才能亲吻幸福

“我的手还能活动；我的大脑还能思维；我有终生追求的理想；我有爱我和我爱着的亲人与朋友；对了，我还有一颗感恩的心……”

谁能想到这段豁达而美妙的文字，竟出自于一位在轮椅上生活了 30 多年的高位瘫痪的残疾人——世界科学巨匠霍金。命运之神对霍金，在常人看来是苛刻得不能再苛刻了：他口不能说，腿不能站，身不能动。可他仍感到自己很富有：一根能活动的手指，一个能思考的大脑……这些都让他感到满足，并对生活充满了感恩。因而，他的人生是充实而快乐的。

与霍金相比，许多身体健康的人对生活并不知足，遇到一点磨难，他就开始怨天尤人。这样的人没有感恩之心，快乐也就与他无缘。生活中，我们常常看到一些人才貌双全，拥有让人羡慕的家境和学历，但他们并不快乐，无论物质的给予是多么的丰厚，他们都不会感到满足和幸福。没有幸福感的人，总是容易被时间催老，淡忘生活的意义。

常有父母抱怨孩子们不听话，孩子们抱怨父母不理解她们，男朋友抱怨女朋友不够温柔，女孩子抱怨男孩子不够体贴。在工作中，也常出现领导埋怨下级工作不得力，下级埋怨上级不够理解自己，不能发挥自己的才能。总之，他们对生活永远是抱怨，而不是感激。他们只是在意自己没有得到什么好处，却不曾想别人付出了多少。抱怨换不来幸福，相反，得到的只是更深的痛苦。其实，幸福是一种感觉，虽然有外在的因素，但更多地取决于自己的内心。

如果一个人不能够经受世界的考验，感受这个世界的美好，心胸只能容得下私利，那他就得不到幸福。父母的养育，师长的教诲，配偶的关爱，他人的服务，大自然的慷慨赐予……你从出生那天起，便沉浸在恩惠的海洋里。只有你真正明白了这些，你才会感恩大自然的福佑，感恩父母的养育，感恩社会的安定，感恩食之香甜、衣之温暖……就连对自己的敌人，也不忘感恩，因为真正促使自己成功，使自己变得机智勇敢、豁达大度的，不是顺境，而是那些常常可以置自己于死地的打击、挫折和对立面。

感恩是一种处世哲学，是生活中的大智慧。人生在世，不可能一帆风顺，种种失败、无奈都需要我们勇敢地面对，旷达地处理。当挫折、失败来临时，是一味地埋怨生活，从此变得消沉、萎靡不振，还是对生活满怀感恩，跌倒了再爬起来？

感恩不纯粹是一种心理安慰，也不是对现实的逃避，更不是阿Q的“精神胜利法”。感恩，是一种歌唱生活的方式，它来自对生活的爱与希望。懂得感恩的人不会对生活抱怨，因为只有放下抱怨才能够亲吻幸福。

生活就是一面镜子，你笑，它也笑；你哭，它也哭。

算计别人将会误伤自己

俗话说：真正聪明的人，往往聪明得让人不以为其聪明。聪明人表面笨拙、糊涂，实则内心清楚明白。

北宋大臣吕端，官至宰相，是三朝元老，他平时不拘小节、不计小过，仿佛很糊涂，但处理起朝政来机敏过人、毫不含糊。宋太宗称他是“小事糊涂，大事不糊涂”。其实，“大事不糊涂”者怎么可能“小事糊涂”呢？须知大事就是小事积聚起来的。所谓小事糊涂，只是装糊涂而已，因为真正的智者不屑在小事上浪费时间和精力。在处理大事与小事的关系上，有人提出了一种论点：大事小事都精明——少；大事精明，小事糊涂——好；大事糊涂，小事精明——糟。在古罗马律法中就有“行政长官不宜过问细节”一条。

在现实生活中，不仅仅是领导者，普通人也要时时面对自己的大事和小事。何为大事？影响全局的事为大事，决定整体的事为大事，范围内的工作为大事，也就是说，以结果来评价事之大小。对于一个企业管理者来讲，不管其工作性质如何、内容多寡，其工作程序和本质是不变的。工作的关键环节和关键行为应视为大，在这些问题上，思路必须清楚，不能糊涂。

美国心理专家威廉根据多年的实践，列出了500个测试题，测试一个人是否是一个“太能算计者”。这些测试题很有意思。比如，是否同意把一份钱再分成几份花？是否认为银行应当和你分利才算公平？是否梦想别人的钱变成你的？出门在外是否常想搭个不花钱的顺路车？是否经常后悔你买来的东西根本不值？是否常常觉得你在生活中总是处在上当受骗的位置？是否因为给别人花了钱而变得闷闷不乐？买东西的时候，是否为了节省一块钱而付出了极大的代价，甚至你自己都认为，跑的冤枉路太长了？……只要你如实地回答这些问题，就能测出你是否是一个“太能算计者”。

威廉认为，凡是对金钱利益太过于算计的人，都是活得相当辛苦的人，又总是感到不快的人。在这些方面，他有许多宝贵的总结。

第一，一个太能算计的人，通常也是一个事事计较的人。无论他表面上多么大方，他的内心深处都不会坦然。算计本身首先已经使人失掉了平静，掉在一事一物的纠缠里。而一个经常失去平静的人，一般都会引起较严重的焦虑症。一个常处在焦虑状态中的人，不但谈不上快乐，甚至是痛苦的。

第二，爱算计的人在生活中，很难得到平衡和满足，反而会由于过多的算计引起对人对事的不满和愤恨，常与别人闹意见，分歧不断，内心充满了冲突。

第三，爱算计的人，心胸常被堵塞，每天只能生活在具体的事物中不能自拔，习惯看眼前而不顾长远。更严重的是，世上千千万万事，爱算计者并不是只对某一件事情算计，而是对所有事都习惯于算计。太多的算计埋在心里，如此积累便是忧患。忧患中的人怎么会有好日子过？！

第四，太能算计的人，也是太想得到的人。而太想得到的人，很难轻松地生活。

第五，太能算计的人，必然是一个经常注重阴暗面的人。他总在发现问题，发现错误，处处担心，事事设防，内心总是灰色的。

从另一个角度来说，一个人大事不糊涂，小事也精明，事事都按照自己的方式算计，就不可能拥有很多朋友，也不可能在团队中发挥最好的作用。人毕竟没有三头六臂，当你事事过分计较，只顾自己利益，不考虑他人，终究会招致别人的反感，最终不利的是自己。

所以，在办事时，千万不要在小事上纠缠不休，搞得自己精疲力竭、心绪不宁，而到了大事面前，却又真的糊涂了。

算计别人最终伤害的还是自己，难得糊涂其实是一种生活智慧与生存哲学。洒脱大方的人会给他人带来欢笑，同时也给自己赢得愉悦的感受。

真正聪明的人在一些小事上不会锱铢必较，而在大事上则会保持头脑清醒。

不以己心定善恶

我们在对任何一个事物做出判断或者得出结论之前，都应该先抛开个人的喜好，静下心来，心平气和地对事物进行充分的调查、了解和分析，这样才能保证我们所做出的判断或得出的结论是正确的。在善恶的分辨上，人也不能仅仅站在自己的立场上，以一己之见评判哪个是好的，哪个是坏的。以个人利害评善恶就是狭隘的门户之见。

德国诗人歌德曾说："真理就像上帝一样。我们看不见它的本来面目，我们必须通过它的许多表现而猜测到它的存在。"真理往往细弱如丝，混杂在一堆假象里，我们的眼睛、我们的心智甚至我们道德上的缺失都会阻碍我们去敲响真理的门，对不了解的事，对尚未为人所知的领域做出错误的判断。

我们之所以需要事先对事物进行全面而深刻的了解和分析，在很大的程度上是因为很多事情并不是像它看上去的那样。

两个旅行中的天使到一个富有的家庭借宿。这家人对他们并不友好，并且拒绝让他们在舒适的客房里过夜，而是在冰冷的地下室给他们找了一个角落。当他们铺床时，较老的天使发现墙上有一个洞，就顺手把它修补好了。年轻的天使问为什么，老天使答道："有些事并不像它看上去的那样。"第二晚，两人又到了一个非常贫穷的农家借宿。主人对他们非常热情，把仅有的一点点食物拿出来款待客人，然后又让出自己的床铺给两个天使。第二天一早，两个天使发现农夫和他的妻子在哭泣，他们唯一的生活来源——那头奶牛死了 。

年轻的天使非常愤怒，他质问老天使为什么会这样，第一个家庭什么都有，老天使还帮助他们修补墙洞；第二个家庭尽管如此贫穷，却还是热情款待客人，而老天使却没有阻止奶牛的死亡。

“有些事并不像它看上去的那样。”老天使答道，“当我们在地下室过夜时，我从墙洞看到墙里面堆满了古代人藏于此的金块。因为主人被贪欲所迷惑，不愿意分享他的财富，所以我把墙洞补上了。昨天晚上，死亡之神来召唤农夫的妻子，我让奶牛代替了她。”

小天使为什么抱怨呢？因为他是以两家对待他的态度为评判标准的，他断定的好坏恰好与事实相反。

可见，真理并不是那么轻而易举就能被我们掌握的。很多事情就如上述的故事一样，并不是看上去的那个样子。善恶亦是如此，即使在很好地掌握知识的前提下！我们也没有资格来定善恶。

年轻人去拜访一位住在大山里的禅师，与他讨论关于美德的问题。

这时候，一个强盗也找到了禅师，他跪在禅师面前说：“禅师，我的罪过太大了，很多年以来我一直寝食难安，难以摆脱心魔的困扰，所以我才来找你，请你为我澄清心灵。”

禅师对他说：“你找错人了，我的罪孽可能比你的更深重。”

强盗说：“我做过很多坏事。”

禅师说：“我曾经做过的坏事肯定比你做的还要多。”

强盗又说：“我杀过很多人，只要闭上眼睛我就能看见他们的鲜血。”

禅师也说：“我也杀过很多人，我不用闭上眼睛就能看见他们的鲜血。”

强盗说：“我做的一些事简直没有人性。”

禅师回答：“我都不敢去想那些我以前做过的没人性的事。”

强盗听禅师这么说，便用一种鄙夷的眼神看了禅师一眼，说：“既然你是这样一个人，为什么还在这里自称为禅师，还在这里骗人呢！”于是他起身，一脸轻松地下山去了。

年轻人在旁边一直没有说话，等到那个强盗离去以后，他满脸疑惑地向禅师问道：“你为什么要这样说？我了解你是一个品德高尚的人，一生中从未杀过生。你为什么要把自己说成是个十恶不赦的坏人呢？难道你没有从那个强盗的眼中看到他已对你失去信任了吗？”

禅师说道：“他的确已经不信任我了，但是你难道没有从他的眼睛中看到他如释重负的感觉吗？还有什么比让他弃恶从善更好的呢？”

年轻人激动地说：“我终于明白什么叫做美德了！”

大山里的这位禅师是智慧的，他对强盗没有关于道德的说教，也没有润物细无声的劝诫。

对强盗来说，他认识到自己罪孽深重，他痛苦的原因是活在世人的善恶标准下，所以罪不得赦，不能解脱。一直等到禅师现身说法，暗示他不可以个人利害评判善恶，他认罪了，他从罪的污秽泥淖中走出来，如释重负。

禅师真是高人，他假造自己的恶，做了一件大大的善事。从善的有利意义来看，有利就是善，这是超越个人利害，来评判善恶的关键所在。

真理就像上帝一样。我们看不见它的本来面目，我们必须通过它的许多表现而猜测它的存在。

摘下有色眼镜，不以一时荣辱取人

明朝的冯梦龙曾警告世人：“不可以一时之誉，断其为君子；不可以一时之谤，断其为小人。”其主旨在于看人不可以偏概全，不可以一时的荣辱取人。其实这是很难做到的，所以《大学》中有云：“好而知其恶，恶而知其美者，天下鲜矣。”

传说公冶长善辨鸟语。他生活贫困，经常没有粮食吃。有一次，一只鸟飞到他的房前，大声对他鸣叫着说：“公冶长！公冶长！南山有个虎驮羊，尔食肉，我食肠，当亟取之勿彷徨。”公冶长听了之后，马上跑到南山，果然看见一只被虎咬死的山羊，于是拿了回来。后来，羊的主人在公冶长家里发现了羊角，就认为是他偷了羊，把他告到鲁国国君那里。公冶长将事情的经过说了一遍，但鲁国国君不信他懂得鸟语，将他关进了监狱。孔子知道他的秉性，为他向国君申辩求情，但鲁国国君没有理会。

过了几天，公冶长在狱中，听到上次那只鸟又叫道：“公冶长！公冶长！齐人出师侵我疆。沂水上，峄山旁，当亟御之勿彷徨。”他听后，马上将此事报告给了国君，国君仍然不相信他的话，但还

是派人前去查看，结果真的发现了齐国的军队，于是发兵突袭，取得大胜，因此释放了公冶长，并给了他很多赏赐，还想让他做大官，公冶长坚辞不受，因为他觉得凭自己懂得鸟语获得官位是一种耻辱。

公冶长曾经蒙冤，虽然后来得到平反，但也难免会遭受世俗的歧视，人们避之唯恐不及。孔子超脱世俗之偏见，不以一时之荣辱取人，而且还把女儿嫁给了他。

孔子能做出这样的决定，在当时实属难能可贵。社会已经发展了两千多年，很多事情都已发生了翻天覆地的变化，但就“不以一时荣辱取人”这一点而言，人们仍然未能做到如孔子一般，甚至还有越发后退之嫌。在当今社会，出现了越来越多的“势利眼”，这些人看重的便是当下这一刻。柏杨先生对势利眼有自己的看法：“势利眼对别人是一种刺激，可以刺激别人发奋上进，但对自己却是一帖毒药，轻则伤害自己心灵，重则惹火上身。”无论对别人而言，是怎么样的效果，单从对自己的结果来看，势利眼无疑是一个致命伤，而这种致命伤最直观的表现就是以貌取人。

从前有一位居士，常发愿要见文殊师利菩萨，因此不断广行布施，恤孤济寡。每逢斋日，斋戒沐浴，严净坛场，敷设高座，种种供养，至心恳礼文殊师利菩萨驾临坛场，以满所愿。

有一次，居士见坛内的椅上坐一老翁，不但不修边幅，而容貌极其丑恶。豆大的眼屎，深黄的鼻涕，如弓的佝偻，似土的肤色，简直形如夜叉，人鬼不辨。居士吓得倒退一旁，一颗虔诚心，顿成怔忪心，并自思念：我每敷高座，庄严坛场，皆愿求文殊师利菩萨光临道场，慈悲一现。而今座上，究是何人？竟然胆大包天，敢于上座。遂走至座前，在气愤之下便牵着老翁下座，并嘱之曰：“请老翁自爱，下不为例。”老翁毫无表情，悄然而去。

第二天，居士便净备香花水果，前往寺中，恭献佛前，虔礼默祷曰：“弟子某持此功德，愿现世得见文殊师利菩萨。”事毕返家，晚间就寝，于梦中有人言：“你一向恭敬诚求，愿见文殊师利菩萨。可是，你见之而不识，当面错过，还求于何处得见文殊？”居士曰：“我素来细心观察，未见形影，究于何处得见，请君示知？”梦中人言：“日前你严净坛场，敷设高座，于高座上，坐一老翁，彼即文殊师利菩萨。”居士闻言及此，不觉周身急出大汗，自梦中醒来，遂向空中求乞忏悔。

生活中有一些人，便如同故事中的居士一样，习惯于戴着有色眼镜看人。他们把正直的人看成恶徒，把有才华的人看成窝囊废。他们为此犯下了许多错误，同时也影响了正常的人际关系。摘下佩戴许久的有色眼镜，丢弃以一时荣辱取人的旧习惯，看看这个世界本来的样子，否则将一直被蒙在鼓里。

不可以一时之誉，断其为君子；不可以一时之谤，断其为小人。

避免唠叨和争吵，弹奏生活的和谐

我们总是觉得生活亏待了自己，所以总是对生活怀有很大的怨气。这些怨气发泄出来的时候，又会牵连到我们身边的人，于是很多无缘无故的争吵，破坏了我们生活的和谐……

有两个人都有着亚洲血统，后来都被来自欧洲的外交官家庭所收养。两个人都上过世界各地有名的学校。但他们两个人之间存在着不小的差别：其中一位是成功商人，他实际上已经可以退休享受人生了；而另一个是学校教师，收入低，并且一直觉得自己很失败。

有一天，他们一起去吃晚饭。晚餐在烛光映照中开场了，他们开始谈论在异国他乡的趣闻逸事。随着话题的一步步展开，那位教师开始越来越多地讲述自己的不幸。

开始的时候，大家都表现出同情。随着她的怨气越来越重，那位商人变得越来越不耐烦，终于忍不住制止了她的叙述："够了！你一直在讲自己有多么不幸。你有没有想过如果你的养父母当初在成百上千个孤儿中挑了别人又会怎样？"教师直视着商人说："你不知道，我不开心的根源在于……"然后接着描述她所遭遇的不公正待遇。

最终，商人说："我不敢相信你还在这么想！我记得自己 25 岁的时候无法忍受周围的世界，我恨周围的每一件事，我恨周围的每一个人，好像所有的人都在和我作对似的。我很伤心无奈，也很沮丧。我那时的想法和你现在的想法一样，我们都有足够的理由报怨。"他越说越激动。"我劝你不要再这样对待自己了！想一想你有多幸运，你不必像真正的孤儿那样度过悲惨的一生，实际上你接受了非常好的教育。你负有帮助别人脱离贫困旋涡的责任，而不是找一堆自怨自艾的借口把自己围起来。在我摆脱了顾影自怜，同时意识到自己究竟有多幸运之后，我才获得了现在的成功！"

那位教师深受震动。这是第一次有人否定她的想法，打断了她的凄苦回忆，而这一切回忆曾是多么容易引起他人的同情。

商人很清楚地说明他们二人在同样的环境下历经挣扎，而不同的是他通过清醒的自我选择，让自己看到了有利的方面，而不是不利的阴影，"凡墙都是门"，即使你面前的墙将你封堵得密不透风，你也依然可以把它视作你的一种出路。

琐碎的日常生活中，每天都会有很多事情发生，如果你一直沉溺在已经发生的事情中，不停地抱怨，不断地自责，这样下去，你的心境就会越来越沮丧。

有时候，人生就是这样的，你坦然面对，却突然发现原来的事情都不算是事儿了。就像俗语所说的：天没放晴，是因为雨没下透，下透了，自然就晴了。所以要学会控制自己的情绪，跟家人和朋友一起，享受坦然的生活，追逐自然的幸福。

一直抱怨的人，注定会活在迷离混沌的状态中，看不见前头亮着一片明朗的人生天空。

放下抱怨，把微笑送给刁难自己的人

一位老人，每天都要坐在路边的椅子上，向开车经过镇上的人打招呼。有一天，他的孙女坐在他身旁，陪他聊天。这时有一位游客模样的陌生人在路边四处打听，看样子想找个地方住下来。

陌生人从老人身边走过，问道："请问，住在这座城镇还不错吧？"老人慢慢转过来回答："你原来住的城镇怎么样？"游客说："在我原来住的地方，人人都很喜欢批评别人。邻居之间常说闲话，总之那地方很不好住。我真高兴能够离开，那不是个令人愉快的地方。"摇椅上的老人对陌生人说："那我得告诉你，其实这里也差不多。"过了一会儿，一辆载着一家人的大车在老人旁边的加油站停下来加油。车子慢慢开进加油站，停在老先生和他孙女坐的地方。

这时，一位先生从车上走下来，向老人说道："住在这市镇不错吧？"老人没有回答，又问道："你原来住的地方怎样？"那位先生看着老人说："我原来住的城镇每个人都很亲切，人人都愿帮助邻居。无论去哪里，总会有人跟你打招呼，说谢谢。我真舍不得离开。"老人看着这位先生，脸上露出和蔼的微笑："其实这里也差不多。"

等到那家人走远，孙女抬头问老人："爷爷，为什么你告诉第一个人这里很可怕，却告诉第二个人这里很好呢？"

老人慈祥地看着孙女说："人们在评述一件事情的时候，很难做到公正。因为即使是陈述事实，也往往加入了自己的态度。第一个人一直在抱怨，他的心中充满了挑剔和不满，可是第二个人却懂得感恩，他能够看到人们的可爱和善良。我正是根据两个不同人的心理给出的答案啊！”

不管你搬到哪里，你都会带着自己的态度，完全公正的事实是不存在的。抱怨与非抱怨的语言可能一模一样，但却很容易分辨出来，因为其中隐含的能量是不同的。如果你心中长期存有不满，说出来的话必然会带着抱怨的情绪。如果你希望某人或当前的情势有所转变，这就是抱怨。如果你希望一切有别于现状，这就是抱怨。

其实，眼前的不顺心，不会成为你一辈子的障碍。所以，即使面临困境，也不要因为不满或者悲观而抱怨，坚持一下，总会等到晴天。生命，是顺境与逆境的轮回。只要我们在逆境中也能坚持自己，再苦也能笑一笑，再委屈的事情，也能用博大的胸怀容纳，那么，人生就没有不能接受的事实。

当我们处于所谓的逆境，从内心抗拒着所处的现实时，不妨想一想在路上奔跑的车辆，不论经历着怎样的颠簸和曲折，它们都快乐地一路向前。在曲折的人生旅途上，只要我们内心充满了阳光，用乐观的心打量这个世界，我们就会发现，原来不是生活不美好，而是我们一直在抱怨中扭曲了自己。我们要学会感恩，学会与人分享，学会在残缺中品味快乐，在逆境中感受幸福。

当你说完某句话觉得心有不妥时，那八成就是在抱怨了。

放下多疑，拉近心与心的距离

生活过得越来越富足了，人们却忘记了当初同行的日子，开始变得多疑起来。多疑的人怀疑着一切，他们整日心神不宁，像是自己在和自己做困兽之斗，疲惫的永远是自己。

古代有两个弟兄，他们从小一起拜师学武术，当他们学成以后，师傅就让他们两个去参军，报国杀敌。在去参军的路上，两个人遇到一帮来势汹汹的土匪，土匪将他们两个包围在一个洼地，情急之下，这两个人将背紧紧靠在一起，在正面用利剑，一次一次地阻挡土匪的进攻，最后杀出重围。在以后的战斗中，两个人始终背靠着背战斗在一起。

有一次，两人到敌方属地刺探军情，不幸被敌兵发现，敌国的重兵，将他们围在中间，却没有置他们于死地，目的是想从他们的

口中得到一些重要的情报，结果两个人宁死不屈，奋力抵抗。两个人都受了很重的伤，但他们始终竭力地拼杀，坚持着为背后的人阻挡刀剑。在他们快要坚持不住的时候，救兵终于赶到，两个人才得以幸存下来。

年过花甲后，两位老人返回故里。村子里经常有很多年轻人来问他们，他们是如何在战场上将敌人一次又一次击退的。两位老人经常先会心一笑，然后将衣服脱下来，给这些年轻人看，他们发现两位老人的胸前全是伤疤，但他们的后背居然没有任何伤痕。一位老人解释道：战斗中我们彼此信任对方，只管应付前面的敌人，将后背托付给对方，因为后面有我最信任的人保护我。

两个兄弟因背后有最信任的人，才逃脱凶杀中的灾难，所以，请放下你的多疑吧。背靠背地并肩作战，不只是一种智慧的作战方式，更是一种人生的态度，一种敢于信任他人的勇气，一种难得的平和的心态。

听完这个故事，你一定会明白怎么样走路才会越走越宽。有时候，我们缺的不是才学，也不是机遇，而是一颗信任别人的心。

多疑有时看似安全，在一定程度上它可以拒绝来自外界的危险，但是也拒绝了来自身边的安全。大鹏展翅时不会怀疑天空，鲲鱼遨游时也不会怀疑海洋，而我们要想淹没在鲜花和掌声里，也不应怀疑身边的朋友。

不单是争取鲜花和掌声时，我们应该放下多疑的防卫层，其实，在面对生活中的各种事情时，我们都不应该多疑。领导和属下之间不能多疑，否则将是一损俱损；朋友之间不需要多疑，因为交出去的是真心，收回来的不会是假意；恋人和夫妻之间不能存在多疑，因为同床异梦带不来家的和睦、情的长久。

在生活的琐碎里，多疑让人心生惶惑与不安，而在关键的时候，它就成了指向自己的利器。人生在世，声名利禄的输赢不过是一种对人生挂饰的博取，但内心的安然，不是那些外在的挂饰所能填补的。放下你多疑的防卫层吧，以一种悦人利己的信任来拥抱一生的内心安宁。

多疑是人与人之间的迷雾，隔开了心与心的交流与信任。

走出不平衡的心理误区

在现实生活中，很多人的内心世界或多或少都有一些不平衡心理。某人升了官，某人赚了钱，某人买了车，某人买了别墅……你觉得自己原本比他们强，却不如他们风光体面。只要一对比，就会产生不平衡的心理，而这种不平衡的心理又驱使你去追求一种新的平衡，如此反复，身心就会处于一种失控的状态中。

传说，上帝在造物之初，本想让猫与虎一道做万兽之王的。但上帝在做出最后决定之前，想先考察考察猫和虎的才能。

于是，上帝放出了几只老鼠。虎全力以赴，很快干脆利落地将老鼠捉住吃掉了。猫却认为这是大材小用，上帝太小看自己了，心中不平，于是很不用心，捉住了老鼠再放开，逗玩了半天才把老鼠吃掉。

考察的结果使上帝认为猫太无能和不称职，不可做百兽之王，于是就让它身躯变小，专捉老鼠。而虎能全力以赴，做事认真，可派去统治山林，做百兽之王。

无论你是多么优秀的人才，在刚开始的时候，都只能从最简单的事情做起。切忌因为心里不平衡而怠慢手里的工作，也不必因为暂时的挫折而烦恼，而是要心态平和，要继续努力，这样，幸运女神才会有可能把成功的桂冠戴在你头上。

费希特年轻时，曾去拜访大名鼎鼎的哲学大师康德，想向他讨教。不料，康德对他很冷漠，并严词拒绝了他。

费希特失去了一次机会，但他并没有因此而受到影响，他不灰心丧气，也不怨天尤人，而是从自己身上寻找原因。他心想，自己没有成果，两手空空，大哲学家当然怕打搅，自己为什么不先拿出一些成果来呢？

于是，费希特埋头苦学，完成了一篇名为《天启的批判》的论文，呈献给康德，并附上一封信，信中说：

“我是为了拜见自己最崇拜的大哲学家而来的。但仔细一想，对本身是否有这种资格都未审慎考虑，感到万分抱歉！虽然我也可以索求其他名人的信函介绍，但我决心毛遂自荐，这篇论文就是我自己的介绍信。”

康德细读了费希特的论文后，不禁拍案叫绝。他为其才华和独特的求学方式所震动，便决定“录取”费希特，亲笔写了一封热情洋溢的回信，邀请费希特来一起探讨哲理。

由此，费希特获得了成功的机会，后来成为德国著名的教育家和哲学家。

可见，懂得平衡自己心态的人，其烦恼总比别人少，而收获总比别人多。生活中，不平衡使得一部分人心理自始至终处于一种极度不安的焦虑、矛盾、嫉恨之中，使他们牢骚满腹，不思进取。

因此，我们必须走出不平衡的心理误区。要走出不平衡的心理误区，首先就要学会优势比较。比如，受挫后有时难找到倾诉的对象，便需要自己设法平衡心理。将自己的失控情绪逐步转化为平心静气。

另外，要少抱怨他人，而多反省自己，就能慢慢调节好自己的心态。在遭遇挫折时，要先检讨自己哪里做得不对，找到原因后再改正，切忌一开始就怨天尤人；否则，心理不平衡，只会给你带来更多的麻烦。

一个人如果连自己的心态都控制不了，那他的人生也必将摇摆不定，其结果自然是与失败为伍。

>>> 第五章

放下苛求，笑纳缺憾

——有种幸福叫饶过自己

对待自己，你同样应该宽宏大量。你应该压低内心“法官”的音量，对其说：“我听到你说了，你不需要再对我嚷嚷了。”如果你已尽最大努力做到最好，再多忧虑或担心也不会让你的最后成果更好的，所以一定要制止自己追求完美的冲动。适当放过自己，才能得到幸福。

生活中的放弃，在于人生的选择

脚下的路虽有千条万条，但我们能够选择的只有一条。选择其中任何一条也就意味着放弃其他，不管它是荆棘小道，还是康庄大道，你都没有回头路；成功的方法也有千种万种，但允许你采用的也只有一种，选择其中任何一种，同样意味着放弃其他，不管它让你流芳千古还是遗臭万年，你都没有后悔药。

人生的每次选择都只有一次机会，所以选择的同时也就意味着放弃，选择熊掌就要放弃鲜鱼，选择繁华就要放弃幽静，选择充实就要放弃悠闲。选择和放弃就像硬币的两面如影随形。学会选择是审时度势、扬长避短，只有量力而行的选择才能到达理想的港湾。舍得放弃是顾全大局、超然洒脱，只有简单从容的放弃才能左右逢源。

有一种猴子，非常喜欢偷吃农民的玉米。晚上，农民们没有时间照看田地，玉米常常会被洗劫一空。起初农民拿它们没办法，后来他们发现猴子都有贪得无厌的习性，于是发明了一种捕捉猴子的巧妙方法。农民把一只只葫芦形的细颈瓶子固定好，然后把它们拴在一棵大树下，再在瓶子中放入猴子最爱吃的玉米，等着猴子上钩。

到了晚上，猴子们来到树下，见到瓶中玉米十分高兴，就把爪子伸进瓶子去抓玉米。这瓶子的妙处就在于猴子的爪子刚刚能够伸进去，等它抓到一把玉米时，爪子却怎么也拿不出来了。猴子十分贪婪，绝不可能放下已到手的玉米，就这样，它们的爪子也就一直抽不出来，只能死死地守在瓶子旁边了。到了第二天早晨，农民抓住它们的时候，它们依然抓着玉米不放。

这些可怜的猴子,因为自己的贪婪而丧失了自由,甚至丢掉性命。其实，在生活当中，也有不少人，为了永无休止的欲望而失去很多东西：为了生存，我们透支着体力和精力；为了爱情，我们透支着青春和情感；为了财富和地位，我们失去了健康和快乐，甚至丢掉了性命。

从呱呱落地，到咿呀学语，再到后来的成家立业，我们每个人都经历了太多的选择，也经历了太多的放弃。在选择的同时，我们是否有勇气放弃那些原本不属于自己的东西呢？果断选择，让我们抓住生命中最重要的东西，让我们在人生的每一个十字路口上都能走好属于自己的那条路；而勇敢放弃，则让我们甩掉那些困扰生活的包袱和诱惑，让我们轻装上阵，飞快前行。

每个人都渴望获得，不愿失去，坚持于选择，而忽略了放弃。有时候执着是一种负重和伤害，默默地付出，苦苦地等待，到头来却是镜中花、水中月，过分的固执甚至就是愚蠢，因为它会让你失去更多更好的机会。坚持需要勇气，放弃又何尝不需要胆识和魄力呢？

坚持固然难能可贵，放弃却是一种更大的智慧，学会放弃，便是学会放下心中的执拗，学会抛却无止境的贪欲，学会优雅从容地挥别人生的包袱。正所谓舍得舍得，有舍才有得，没有学会放弃，就无法拥有新的收获，执着于太多的念想，怎能以平和而轻松的心态去拥有更为广阔的人生？

红橙黄绿蓝靛紫，七种颜色，各有不同；喜怒哀惧爱恶欲，七种感情，品之不尽。复杂的人生需要我们小心谨慎地对待每一步。学会选择，学会放弃，你会避免很多弯路，避开很多荆棘，从而走向更加海阔天空的人生境界！

选择是人生路上的航标，学会选择是审时度势、扬长避短，只有量力而行的选择才能到达理想的港湾。

不看他人，安心做最好的自己

在社会上，无论走到哪里，不用留心，我们就经常能够听到诸如此类的抱怨：我太羡慕小王了，他在外企工作，一个月的薪水抵得上我三个月；我要是老高多好，娶了个市委书记的妹妹；我儿子有邻居家小孩那样乖就好了……有人羡慕别人的高位，有人羡慕别人的钱财，有人羡慕别人帅气的外表。

事实上，偶尔有羡慕之心是很正常的，但是，如果总是拿别人的长处和自己的短处比，那么，你真的只有抱怨的份儿了。

做自己最好，这是放在哪个年代都错不了的真理。

上帝经常听到尘世间万物抱怨自己命运不公的声音，于是就问众生："如果让你们再活一次，你们将如何选择？"

牛："假如让我再活一次，我愿做一只猪。我吃的是草，挤的是奶，干的是力气活，有谁给我评过功，发过奖？做猪多快活，吃罢睡，睡了吃，肥头大耳，生活赛过神仙。"

猪："假如让我再活一次，我要当一头牛。生活虽然苦点，但名声好。我们似乎是傻瓜懒蛋的象征，连骂人也都要说蠢猪。"

鼠："假如让我再活一次，我要做一只猫。吃皇粮，拿官饷，从生到死由主人供养，时不时还有我们的同类给它送鱼送虾，很自在。"

猫："假如让我再活一次，我要做一只鼠。我偷吃主人一条鱼，会被主人打个半死。老鼠呢，可以在厨房翻箱倒柜，大吃大喝，人

们对它也无可奈何。”

鹰：“假如让我再活一次，我愿做一只鸡，渴有水，饿有米，住有房，还受主人保护。我们呢，一年四季漂泊在外，风吹雨淋，还要时刻提防冷枪暗箭，活得多累呀！”

鸡：“假如让我再活一次，我愿做一只鹰，可以翱翔天空，任意捕兔捉鸡。而我们除了生蛋、司晨外，每天还胆战心惊，怕被捉被宰，惶惶不可终日。”

女人：“假如让我再活一次，一定要做个男人，经常出入酒吧、餐馆、舞厅，不做家务，还摆大男子主义，多潇洒！”

男人：“假如让我再活一次，我要做一个女人，上电视、登报刊、做广告，多风光。”

上帝听后，大笑起来，说道：“一派胡言，一切照旧！还是做你们自己吧！”

人们总渴望获得那些本不属于自己的东西，而对自己所拥有的不加以珍惜。其实，每一个生命的个体之所以存在于这个世界上，自有它存在的意义。安心做自己的人，才是智慧的人。

不要总是羡慕别人，安心做最好的自己让别人羡慕！如果你是教师，就尽职尽责地上好每一节课；如果你是工人，就努力生产出最好的产品；如果你是管理者，就要运用智慧让公司健康地发展。

如果总是把目光放在别人身上，抱怨别人拥有的太多而自己所得的太少，就会在失去做自己的同时，也失去了做人的快乐。

安心做最好的自己，不去渴望那些不切实际的东西，不攀比，不羡慕，人生方能拥有无穷无尽的快乐与幸福。

幸福榜单上，第二名也是英雄

很多人都有这样的心理，如果是当官，就一定要做最高最大的官；如果是经商，就一定要赚最快最多的钱；如果是写书，就一定要写最伟大最动人的书……如果总是这样想的话，那么这个人恐怕会失望大于希望了。人生中，不论是哪一行的第一，都只有一个。如果你努力奋斗了，拼搏了，做个第二又何乐而不为呢？

1968 年，第一个踏上月球的航天员阿姆斯特朗，因“这是我个人的一小步，却是全人类的一大步”这句话，而名留青史，成为全世界人民心目中的大英雄。

然而，当时登陆月球的，除了阿姆斯特朗之外，还有他的队友奥德伦。两人只有一步之差，结果却隔了千里之远，阿姆斯特朗以踏上外星球的第一人闻名于世，奥德伦却默默无名，知道他的人可以说是寥寥无几。

在后来的庆功宴上，当人们为这一创举感到骄傲不已时，一名记者突然问奥德伦：“阿姆斯特朗先下了太空舱，成为登陆月球的第一人，成为大家心目中的大英雄，你会不会觉得有些遗憾？”

众人纷纷把目光投向了奥德伦，想要看他将做出怎样的回答。

听完记者的提问后，奥德伦神情自若，微微一笑答道：“各位，千万别忘了，回到地面的时候，我可是最先走出太空舱的，也就是说，我可是别的星球来到地球的第一人。”

奥德伦的话轻松化解了尴尬的场面，话音刚落，人群中便响起了一阵掌声，并且，这阵热烈的掌声持续了很久。

有一位思想家说过：“不要为自己所没有的东西感到苦恼，能享受自己现在所拥有的人，才是最聪明的。”法国哲学家孟德斯鸠也说过：“假如一个人只是希望幸福，这很容易达到。然而，我们总是希望比其他人幸福，这就是困难所在，因为一般人坚信其他人比自己幸福。”

拥有幸福是一件很简单的事，但懂得珍惜幸福，却一点儿也不简单。得不到的，不一定最好。对于豁达者而言，第二名同样幸福。其实做什么事情，都不一定要分出高下，拼个你死我活。生活，需要的是一种睿智，既要拿得起，还要放得下。

也许战争中需要分出输赢，但是生活中完全没有必要非要与人争个高下。在与人发生争执时，要懂得放下，其实第二名也可以洒脱。

如果一味追求最高点，一味与他人做比较，那么，就永远体会不到幸福与成功的喜悦。

放下别人的看法，活出自己的特色

活着应该是为充实自己，而不是为了迎合别人。没有自我的人，总是考虑别人的看法，这是在为别人而活着，所以活得很累。

有个人上进心很强，一心一意想升官发财，可是从年轻熬到年老，却还只是个基层办事员。这个人为此极不快乐，感觉自己活得很失败，每次想起来就掉泪，有一天竟然号啕大哭起来。

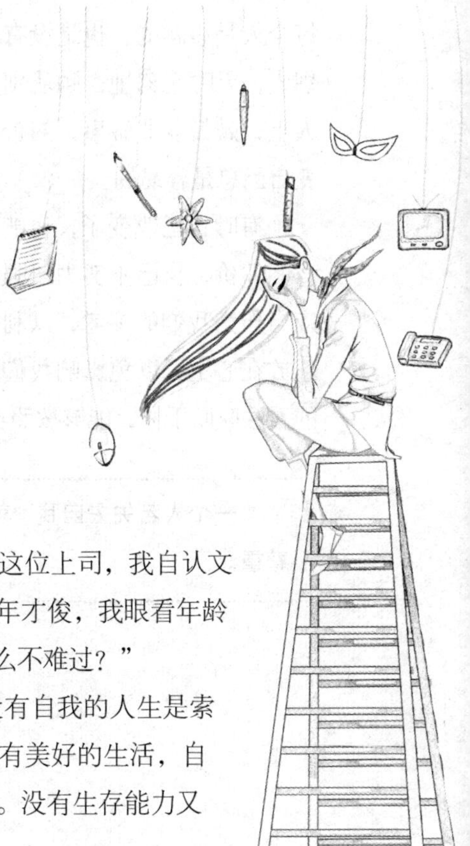

一位新同事刚来办公室工作，觉得很奇怪，便问他到底因为什么难过。他说：“我怎么不难过？年轻的时候，我的上司爱好文学，我便学着作诗、学写文章，想不到刚觉得有点小成绩了，却又换了一位爱好科学的上司。我赶紧又改学数学、研究物理，不料上司嫌我学历太浅，不够老成，还是不重用我。后来换了现在这位上司，我自认文武兼备，人也老成了，谁知上司喜欢青年才俊，我眼看年龄渐高，就要被迫退休了，一事无成，怎么不难过？”

没有自我的生活是苦不堪言的，没有自我的人生是索然无味的，丧失自我是悲哀的。要想拥有美好的生活，自己必须自强自立，拥有良好的生存能力。没有生存能力又缺乏自信的人，肯定没有自我。

有些人认为：老实巴交吧，会吃亏，被人轻视；表现出格吧，又引来责怪，遭受压制；甘愿瞎混吧，实在活得没劲；有所追求吧，每走一步都要加倍小心。家庭之间、同事之间、上下级之间、新老之间、男女之间……天晓得怎么会生出那么多是是非非。凡此种种飞短流长的议论和窃窃私语，可以说是无处不生，无孔不入。如果你的听觉视觉尚未失灵，那你的大脑很快就会塞满乱七八糟的东西，弄得你头昏眼花，心乱如麻，岂能不累呢？

我们无法改变别人的看法，能改变的仅是我们自己。想要讨好每个人是愚蠢的，也是没有必要的。与其把精力花在一味地去献媚别人，无时无刻地去顺从别人，还不如把主要精力放在踏踏实实做人上，兢兢业业做事，刻苦学习。改变别人的看法总是艰难的，改变自己总是容易的。

有时自己改变了，也能恰当地改变别人的看法。太在乎别人随意的评价，自己不努力自强，人生会苦海无边。别人公正的看法，应当作为我们的参考，以利修身养性；别人不公正的看法，不要把它放在心上，以免影响我们的心情。如此一来，我们就不会为别人的看法耿耿于怀，能够按照自己的意愿去生活了。

一个人若失去自我，就没有做人的尊严，就不能获得别人的尊重。

放弃模仿，挖掘自我本色

一个人想做一套家具，就走到树林里砍倒一棵树，并动手把它锯成木板。这个人锯树的时候，把树干的一头搁在树墩上，自己骑在树干上；还往锯开的缝隙里打一个楔子，然后再锯，过了一会儿又把楔子拔出来，再打进一个新地方。

一只猴子坐在一棵树上看着他干这一切，心想：原来伐木如此简单。这人干累了，躺下打盹时，猴子爬下来骑到树干上，模仿着人的动作锯起树来，锯起来很轻松，但是，当猴子要拔出楔子时，树一合拢，夹住了它的尾巴。猴子疼得尖声大叫，它极力挣扎，把人给吵醒了，最后被人用绳子捆了起来。

猴子不但没有成功地伐木，反而让自己落在了伐木人的手里。它没有看到自己的局限，更没有掌握自身的特点。与这只猴子一样，我们最大的局限在于短视，而短视则在于无法发现自己的优点。威廉·詹姆斯这样认为："跟我们应该做到的相比较，我们等于只做了一半。我们对于身心两方面的能力，只用了很小一部分，一般人大约只发展了10%的潜在能力。一个人等于只活在他体内有限空间中的一部分。他具有各种能力，却不知道怎样利用。"

那么，一般人是怎样做的呢？他习惯用与别人的对比来发现自己的优缺点，这固然是一种好方法，但往往受主观意识影响太大。他会很快地发现，自己在某方面与别人差距甚大，因此他会非常羡慕那个人。羡慕会导致无知的模仿，导致无谓的妒忌，或者受到激励般地向更高境界攀升，但最后一种情况毕竟所占比例甚小，而前面两种情况都容易导致自信心的丧失以及由此引发的忧郁。

每个人的能力都是有限的，就像人类有其体能的极限一样。如果想把别人的优点都集于一身，那是最荒谬、最愚蠢的想法。我们没有必要去模仿别人，只要能够做好我们自己，便是对自己尽到了最大的责任。

从道格拉斯·马罗区的诗中我们可以得到一些启发：

如果你不能成为山顶的一棵松，就做一棵小树，生长在山谷中，但须是最好的一棵。

如果你不能成为一棵大树，就做一棵灌木。

如果你不能成为一棵灌木，就做一叶绿芽，让公路上也有几分欢娱。

世上的事情，多得做不完，工作有大的，也会有小的，该做的工作，就在你身边。如果你不能做一条公路，就做一条小径。如果你不能做太阳，就做一颗星星。不能凭大小来论断你的输赢，只要你努力做到最好。

模仿他人就会失去自己，我们应该看到自己的优点，也应接受自己的缺点，世界上本来就没有完美的人生。因此，我们不必戴着假面具去生活。道德上的过于自负及苛刻的自我要求，都是内心世界的最大敌人。

我们没有必要去模仿别人，只要能够做好我们自己，便是对自己尽到了最大的责任。

选择最适合自己的生活方式

我们在工作和学习中，有时候会经常遇到这样的问题：因为欲求太多，常常不知道要做什么，什么都想尝试，什么都不忍放弃，结果却哪一方面都没有取得成绩，有时候甚至捡了芝麻，丢了西瓜。其实，万物总有根源，只要我们把握住事物的本质，从自身的特点出发，选择最适合自己的生活方式，就不会迷失方向。

中文系毕业的李辉初到南方时，曾为找工作奔波了好长一段时间。起初他见几个跑业务的同学业绩不俗，赚了不少钱，便找了家公司做业务员，然而辛辛苦苦跑了几个月，不但没赚到钱，人倒瘦了十几斤。同学们分析说："你能力不比我们差，但你的性格内向、言语木讷、不善交际，因此不太适合跑业务……"

后来李辉见一位在工厂做生产管理的朋友薪水高、待遇好，便动了心，费尽心力谋到了一份生产主管的职位，可是没做多久他就因管理不善而引咎辞职。

之后，李辉又做过公司的会计、餐厅经理等，最终出于各种原因被迫离职跳槽。最后，李辉痛定思痛，吸取了前几次的教

训，不再盲目追逐高薪或舒适的职位，而是依据自己的爱好和特长，凭借自己的中文系本科学历和深厚的文字功底，应聘到一家刊物做了文字编辑。这份工作相比以前的职位，虽然薪水不高，工作量也大，但李辉却做得非常开心，工作起来得心应手。几个月下来，他就以自己突出的能力和表现令领导刮目相看，对他器重有加。回顾以往的工作历程，李辉深有感触地说："无论是工作，还是生活，我们都应当找到适合自己的。一味地追逐高薪、舒适的工作，曾让我吃尽了苦头，走了不少弯路。事实上，我们无论做什么事都应结合自身条件，依据自己的爱好和特长去选择相应的事来做。放弃那些不适合自己的生活，我们的生活才会快乐。"

现如今，许多大学毕业生都有着和李辉一样的经历，面对着广阔的职场，他们一时间感觉失去了方向，或者随大流地奔向热门的行业，或者听从父母的安排。在跳槽已成为家常便饭的今天，他们在做出一次又一次的选择时是否听从了内心的召唤，在比较福利和薪水的同时是否考虑过，什么才是最适合自己的选择？

随着社会的发展，我们拥有着越来越多的选择的权利，这是自由，同时也是烦恼。有时候，我们会朝三暮四，朝秦暮楚，不觉间前功尽弃，大事难成；有时候，我们又好高骛远，想入非非，不结合自身的实际，而是任凭幻想的翅膀肆意地翱翔，结果可以预见，必然是一事无成；有时候，我们遵循世俗的惯见，或是顺从父母的心愿，选择一些在许多人眼中令人欣羡的职业，却从未问过自己是否快乐，到头来，失去了对事业的兴趣，也只能是庸庸碌碌地度过一生。

要想获得事业的成功和生活的幸福，首先应当问问自己，什么才是最适合自己的生活方式。只有结合自身的特长，自身的兴趣，以及自身的人生态度和理想追求，才能够做出明智的选择，也只有如此，才能够寻找到最适合自己的生活，寻找到幸福的真谛。

放弃那些不适合自己的生活，我们的生活才会快乐

放下完美情结，不完美的才是人生

“断臂维纳斯”一直被认为是至今发现的希腊女性雕像中最美的一尊。美丽的椭圆形面庞，希腊式挺直的鼻梁，平坦的前额和丰满的下巴，平静的面容，无不带给人美的感受。

她那微微扭转的姿势，和谐而优美的螺旋形上升体态，富有音乐的韵律感，充满了巨大的魅力。

作品中女神的腿被富有表现力的衣褶所覆盖，仅露出脚趾，显得厚重稳定，更衬托出了上身的秀美。她的表情和身姿是那样的庄严崇高而端庄，像一座纪念碑；然而又是那样优美，流露出女性的柔美和妩媚。

令人惋惜的是，这么美丽的雕像居然没有双臂。于是，修复原作的双臂成了艺术家、历史学家最神秘也最感兴趣的课题。当时最典型的几种方案是：左手持苹果、搁在台座上，右手挽住下滑的腰布；双手拿着胜利花圈；右手捧鸽子，左手持苹果，并放在台座上让它啄食；右手抓住将要滑落的腰布，左手握着一束头发，正待入浴；与战神站在一起，右手握着他的右腕，左手搭在他的肩上……但是，只要有一种方案出现，就会有一种反驳的道理。最终得出的结论是，保持断臂反而是最完美的形象！

人生就像维纳斯的雕像一样，因为不圆满而变得富有深意。想要将每一种好处都占尽，到头来只会失去获得的快乐。面对已经有

的进步，足以快慰，何必想着要拿个满分，毕竟一蹴而就的事情，是经不起推敲的。

苛求完美是一种心理洁癖，容不得事物有半点瑕疵。实际上，世界上根本没有完美，正是有了缺憾，才使我们整个生命有了追求前进的动力，珍惜缺憾，它就是下一个完美。如果在学习或者专心做事的时候，有人打扰，你会感到格外愤怒；常常没有必要地对东西进行过多的检查，如检查门窗、开关、煤气、钱物、文件、表格、信件等；经常对自己或他人感到不满，因而经常挑剔自己或他人所做的任何事；不停地想，某件事如果换另一种方式，也许更加理想；经常对自己的服装或居室布置感到不满意而时常变动它们。这些表现足以说明你是一个过于追求完美的人。

每一个人在内心都有一种追求完美的冲动，当一个人对于现实世界的残缺体会越深时，他对完美的追求就会越强烈。这种强烈的追求会使人充满理想，但这种强烈的追求一旦破灭，也会使人充满绝望。

这个世界上没有任何一件事物是十全十美的，它们或多或少皆有瑕疵，人类亦同。我们只能尽最大的能力去使它更完美一些。

生活中，有很多人忙忙碌碌一辈子，可是到最后却一事无成，究其原因就在于他们做事非要等到所有条件都具备时，才肯动手去做，然而所有的事情没有一件是绝对完美的。所以，这些人也只有在等待完美中耗尽他永远无法完美的一生。在这个世界上，过分完美也是一件可怕的事物，如果你每做一件事要求务必完美无缺，便会因心理负担的增加而不快乐。当一个人要求别人完美时，自身的缺点便显现无遗。

完美是一座心中的宝塔，你可以在内心中向往它、塑造它、赞美它，但你切不可把它当成一种现实存在，因为这样只会使你陷入无法自拔的矛盾之中。一个人只有经受住失败的悲哀才能到达成功的巅峰，亡羊补牢，犹未为晚。不必为了一件事未做到尽善尽美的程度而自怨自艾。

没有“瑕疵”的事物是不存在的，盲目地追求一个虚幻的境界只能是劳而无功。我们不妨问一问：“我们真的能做到尽善尽美吗？”既然不行，我们就应该尽快放弃这种想法。

凡事切勿过于苛求，如果采取一种务实的态度，你会活得更快乐！

人生不是演出，摘下虚伪面具

人无信则不立，这是千百年来永恒不变的做人之根本。古今中外的人无一不把守信看成一名君子必备的品质。为了实现许下的诺言，他们可以不惜一切代价，这就是人格魅力的展现。做人，无论在怎样的情况下，都应该真诚，不应当虚伪，这是每个人都明白的道理。

1998 年 11 月 9 日，美国犹他州土尔市的一位小学校长，42 岁的路克，在雪地里爬行 1.6 公里，历时 3 小时去上班，受到过路人和全校师生的热烈欢迎。原来，这学期初，为激励全校师生的读书热情，路克曾公开打赌：如果你们在 11 月 9 日前读书 15 万页，我将在 9 日那天爬行上班。

全校师生猛劲读书，连校办幼稚园的孩子也参加了这一活动，终于在 11 月 9 日前读完了 15 万页书。有的学生打电话给校长：“你爬不爬？说话算不算数？”也有人劝他：“你已达到激励学生读书的目的，不要爬了。”可路克坚定地说：“一诺千金，我一定爬着上班。”11 月 9 日，与每天一样，路克于早晨 7 点离开家门，所不同的是他没有驾车，而是四肢着地，爬行上班。为了安全和不影响交通，他没在公路上爬，而在路边的草地上爬。过往汽车向他鸣笛致敬，有的学生索性和校长一起爬，新闻单位也派人前来采访。

经过 3 小时的爬行，路克磨破了 5 副手套，护膝也磨破了，但他终于到了学校，全校师生夹道欢迎自己敬爱的校长。当路克从地上站起来时，孩子们蜂拥而上，抱他，吻他。

可是我们生活中却有很多不尽如人意的现象存在。人生毕竟不是一场演出，不能仅用戴着面具的表演来搪塞。在与人交往时，应该以真面目示人，否则只能伤人又伤己。因此，虚伪者应注意自我调适，通常可以采用以下方法进行：

第一，遇事时和朋友换位思考，推己及人，仁爱待人，就可能得出不同的结论，改变已有的不正确做法，这样就会多一分理解，少一分对立。关键靠自己的一份诚心，要让别人看到你的诚意。

第二，鼓励自己表达出真实的想法。如果自己的想法比较尖锐或者容易伤害别人，不妨用委婉的方式说出，如果不想说出来也不要勉强自己，可以保持沉默，但尽量不要欺骗他人，更不要为了取悦他人而说出虚假的赞美之词。

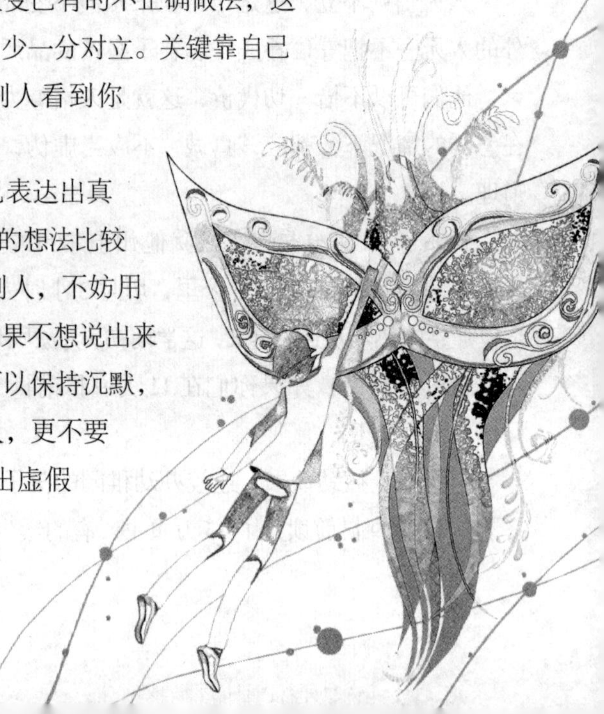

第三，建立成熟的自我观，拥有属于自己的对于世界和周围人的看法，不被他人的意见左右，也不屈从于他人的价值观。做人做事参照自己的标准，不屈己服人。

只有不断地清理自己的心灵，让自己的内心深处多一些真诚，少一些虚伪，才能成为一个真正大度的人。

人生毕竟不是一场演出，不能仅用戴着面具的表演来搪塞。

不要和自己过不去

一个年轻人四处寻找解脱烦恼的秘诀。

有一天，他来到一个山脚下。只见一片绿草丛中，一位牧童骑在牛背上，吹着横笛，笛声悠扬，逍遥自在。

年轻人走上前去询问：“你看起来很快活，能教给我解脱烦恼的方法吗？”牧童说：“骑在牛背上，笛子一吹，什么烦恼都没了。”年轻人试了试，不灵。于是，他又继续寻找。

年轻人来到一条河边。看见一位老翁坐在柳荫下，手持一根钓竿，正在垂钓，他神情怡然，自得其乐。年轻人走上前去鞠了一个躬：“请问老翁，您能赐我解脱烦恼的办法吗？”老翁抬头看他一眼，慢声慢气地说：“来吧，孩子，跟我一起钓鱼，保管你没有烦恼。”年轻人试了试，还是不灵。

于是，他又继续寻找。不久，他来到一个山洞里，看见洞内有一个老人独坐在洞中，面带满足的微笑。年轻人深深鞠一个躬，向老人说明来意。老人微笑着摸摸长髯，问道：“这么说你是来寻求解脱的？”年轻人说：“对对对！恳请前辈不吝赐教。”老人笑着问：“有谁捆住你了吗？”“……没有。”“既然没有捆住你，又谈何解脱呢？”

年轻人一直渴望摆脱烦恼，起初像牧童一样骑在牛背上吹笛，后来像老翁一样在柳荫下垂钓，但都没有效果。最后来到山洞里，老人的一句话将他点醒：“既然没有捆住你，又谈何解脱呢？”

生活中有许多习惯忧虑的人如同这年轻人一样，不肯让自己放松下来，老爱自己找麻烦，和自己过不去。当他们在感慨活着真累的时候，不知有没有想过，生活本来无意与你作对，和你过不去的一直是你自己。

其实，我们都有烦恼忧虑的时候，但事实上，快乐是自找的，烦恼也是自找的。如果你不给自己寻烦恼，别人永远也不可能带给你烦恼。所以，每当你忧心忡忡的时候，每当你唉声叹气的时候，不妨把你的烦恼写下来，看看它是否值得我们忧虑。如果值，我们就寻找解决问题的办法，如果不值，又何必费神呢？

人生在世就只有短暂的几十年，不必对自己苦苦相逼。尝试对自己微笑一下，和自己握手言和吧。把烦恼当作衣上的尘埃，随时洗拂，常保洁净，这也是人生的一种智慧和快乐。

美国成功学大师卡耐基曾在“拉赖因”号轮船上举办过一场演讲会。他在演讲中说道：“当你感觉到内心有压力和烦恼时，不妨走到船尾去，把烦恼的事说出，然后把它们抛掷到汪洋大海中，注视着它直到它消逝不见。”这个建议乍听起来仿佛有一点荒诞和幼稚，但是当晚却有一个人跑来对他说：“我按照你的话去做了，结果觉得心中非常舒畅，这实在是件令人吃惊的事呀！”

每个人都希望自己的生活过得一帆风顺、轻轻松松、简简单单，然而生活却有重重压力。例如，求之不得带来的伤害，奋斗失败遇到的挫折，情感遇阻受到的伤害，等等，都让我们的心灵背上了沉重的负荷。面对压力，要想获得平和的心，有一个最有效的方法，那就是注意为自己的心灵留下适当的空白，使自己的内心保持一定的余裕。

事实上，刻意地使心灵空白的确能有效地为人们带来心安的感受。在这个过程中，你可以将头脑中忧虑、不安、沉重、憎恶等不良情绪清空，取而代之的是愉悦、安定、轻松、满足的心境。

清空内心的烦恼和忧虑，可以使我们从压力中解脱出来，当然，仅使心灵空白还是不够的，必须加进一些内容才可。因此，我们必须在心灵呈现空白的同时，立即注入富含创造性、健康性的想法。这样一来，那些负面的想法就无法再对你造成任何影响。久而久之，那些重新注入的新想法将在你的思想中生长，而且能击退任何负面的想法。那时你的心灵将远离压力的困扰，永葆平和。

遇到烦恼时，不如在心中也栽上一棵树，寂寞、苦恼时亦可如《花样年华》中的周慕云一样，对着树洞说一些悄悄话，然后再将它尘封，让烦恼随风而逝。

人的心灵不能永远呈现空白而毫无内涵，否则曾经丢弃的消极想法极有可能又会重新钻入你的思想之中。

>>> 第六章

放下身段和面子

——地低成海，俯下身子更易成功

职场是人生大课堂，考验着一个人的品质与追求，磨炼着一个人的意志与决心，激励着人们前行，鼓舞着人们上进。这里也充满了智慧与挑战，充满了机遇与危险，如何在其中开创自己的一片天地，站稳脚跟，有一个原则，就是，姿态要放低。

抱着学习姿态，切勿好为人师

人之患在于好为人师，好为人师可能使自己获得片刻的满足感，但却极易造成他人情绪上的抵触，为人们之间的关系埋下隐患，是人际交往中的大忌！

话说慈禧爱看京戏，常以小恩小惠赏赐艺人一点东西。有一回，她看完著名武生杨小楼的表演后将他召到眼前，指着满桌子的糕点对他说："这些点心赏赐给你，带回去吧！"

杨小楼叩头谢恩，但他提出了一个新的要求：要慈禧赐字给他。

慈禧当时兴致颇高，便让太监捧来笔墨纸砚，挥笔写了一个"福"字。

站在一旁的小王爷，看了慈禧写的字，悄悄地说："福字是'示'

字旁，不是‘衣’字旁！”杨小楼仔细一瞧，慈禧的这个“福”字果然写错了，不指出来吧，恐有欺君之嫌；指出来吧，却又触犯了慈禧的自尊，伴君如伴虎，她一不高兴就可能会要了自己的小命。杨小楼思前想后，不得其所，一时急得冷汗直冒。

一旁的李莲英见状脑子一动，笑呵呵地说道：“老佛爷之福，比世上任何人都要多出一‘点’呀！”杨小楼一听，连忙叩首应和道：“老佛爷福多，这万人之上之福，奴才怎么敢领受呢！”慈禧为下不了台而正欲发作，听大家这么一说，连忙顺水推舟，笑着说道：“好吧，哀家隔天再赐你吧。”就这样，李莲英使二人摆脱了窘境，这桩因“好为人师”而惹出的祸端方才化险为夷。

在现实生活中，我们常常会发现他人的缺漏，进而往往有好为人师的冲动。在这些情况下，好为人师尽管不至于如同小王爷和杨小楼当时所处的境况那样情势危急，甚至危及性命，却同样能够带来许多不必要的麻烦，埋下大大小小的隐患，应当能避免就避免。

智者应当明了，与其“好为人师”招惹麻烦，不如“拜人为师”以助自己成长。要知道，好为人师的你在展现自己的同时，间接地否定了对方的智慧与能力，为他人所不喜，于自己所无补。即使对方来“请教”你，也应当再三斟酌，其间分寸的合理拿捏，值得仔细思忖。

如果总是好为人师，相当于间接地否定了对方的智慧与能力，为他人所不喜，于自己所无补。

面对错误，学会比别人先认错

没有人敢保证自己不犯错误，有时甚至还一错再错。既然错误是不可避免的，那么可见错误本身并不可怕，可怕的是不知悔改。

面对错误，如果能坦诚面对，再拿出勇气去承认并改正它，那么不仅能弥补错误所带来的不良后果，在今后的工作中更加谨慎端正，而且有助于在别人心里树立良好形象，从而使对方很痛快地原谅你的错误。

事实上，能承认自己错误的人，往往更能获得他人的尊重。

每个人都喜欢听赞美的话，这是人的天性。忠言逆耳，当有人，尤其是和自己平起平坐的同事对自己狠狠地数落一番时，不管那些批评如何正确，大多数人都会感到不舒服。有些人更会拂袖而去，实在令提意见的同事尴尬万分。下一次就算你犯更大的错误，相信也没有人敢劝告你了，这岂不是你最大的损失？

如果你总是害怕向别人承认自己曾经犯错，那么，请接受以下这些建议：

1. 即便错了，也不要自责太深，更不要自怨自艾，看轻自己。你应当把这次犯错当成一种新经验，从中吸取教训，获得智慧，吃一堑，长一智。

2. 假若你的错必须向别人交代，与其替自己找借口逃避责难，不如勇于认错，在别人没有机会把你的错到处宣扬之前，对自己的行为负起责任。

3. 在工作上出错时，要立即向领导汇报自己的失误，这样当然

有可能会被大骂一顿，但上司会在心中认为你是一个诚实的人，将来或许对你更加倚重。你所得到的可能比你失去的还多。

4. 如果你犯的错误可能会影响到其他同事，无论同事是否已经发现这些不利影响，都要赶在同事找你“兴师问罪”之前主动向他道歉、解释，千万不要企图自我辩护，推卸责任，否则只会火上浇油，令对方更加愤怒。

如果你觉得听到人家指出自己的错误是一种耻辱，令你面红耳赤，无地自容，以下这些建议或许能帮你克服这种心理障碍，慢慢懂得从批评中吸取教训：

要明白，别人的批评无损你的价值，与你意见相左的人并不一定对你有敌意，可能是诤友。

如果有人对你的工作表现颇有微词，你要知道人家是针对事情提出意见，而不是故意与你作对或瞧不起你。切勿把“我的工作不被接受”理解为“我不被接受”。

每个人都会犯错误，不可饶恕的错误毕竟是少之又少，只要遇错能改，就必然对今后的人生大有益处。

输赢只是暂时，并非永远

古往今来，胜负乃兵家常事。一次成功并不等于一辈子的成功，一次失败也不意味着今生的失败，输赢只是暂时的，只有看淡成败才能最终取得胜利。商界名人胡雪岩就是这么一位不在乎输赢的大人物。

太平天国运动初期，胡雪岩听说京城里发行官票的消息。其实，消息并不是直接传到胡雪岩耳朵里的，而是与胡雪岩有一定交情的刘二爷在路上遇到了钱庄的刘庆生，当时刘庆生手里拿着两张从京城传出的新发行的银票，就叫刘二爷见识一下。刘二爷一看，心想：坏了，这肯定是朝廷为了凑军饷而想出来的一种敛财招数，如果钱庄应付不当，不仅会有损失，甚至会有灭顶之灾。

刘二爷拿了银票，赶紧与邻近的钱庄老板会合，去找胡雪岩商议。胡雪岩仔细看了一下银票，说：“各位如此紧张，就是因为这件事如果应对不好，就可能给大家带来灾难。在我看来，各位都把成败看得太重了。我们一手创建这钱庄，虽然不容易，毕竟也是意外之财。咱们之中，开始的时候，谁曾有万贯家财？如果真的失败了，也不过是回到了原点，何必那么紧张呢？”看看众人都面色沉重，胡雪岩接着说：“都说乱世出英雄。越是乱的时候，就越有机会。有其弊必有其利。如果各位都看不开成败，不敢放手一搏，那么也只能让赚钱的机会在我们眼皮子底下溜走了 。”

刘二爷等人也是明白人，听了胡雪岩的这番话，觉得很有道理，自觉获益匪浅，于是，他进一步向胡雪岩请教其中的道理。胡雪岩就此提出了自己的看法。他觉得官府发行这种银票，无非是想凑齐了银子对付太平军。眼下，太平军只甘于守城，虽然战斗力很强，但是势头不盛。官军中有曾国藩、左宗棠二人带兵，自然不可小觑，再加上洋人的相助，官军必胜无疑。如果钱庄能够助官军一臂之力，那么等到胜利了，无论是做什么生意，朝廷都会一路放行的，哪还有不发财的道理?

众人觉得胡雪岩分析得很透彻，就委托他做代理，处理新银票发行的所有事宜。朝廷向钱庄发放银票的两天后，胡雪岩很快将官府所需的二十万两银子凑齐了。在兵荒马乱的时代里，钱庄能够出现如此支持朝廷政令的景象，让官员们很是吃惊，大家都对胡雪岩很佩服。自此，胡雪岩不仅在同行里得到敬重，在朝廷里也颇具影响力。

胡雪岩在事业发展的过程中并不是一帆风顺的。做什么事情都能一本万利，更不是他有十足的预测能力，能够洞悉一切事物的结果，而是他在做的时候能够看淡成败，不惧前方的困难险阻，只要认准了目标，就能勇敢地前行。

相比之下，很多人都把成败看得太重了，顾虑太多。有的人想换一个新环境工作，可是又害怕自己在新的工作中表现不好，业绩不如从前，所以一直没有行动；有的人得了很多奖，也得到了很多人的肯定，可是越是这样压力越大，因为害怕失败，害怕从万人瞩目的高位上掉下来……我们越是小心翼翼，越是可能被心中的担忧拖垮。不如看淡成败，放手一搏，尽管存在着风险，但是会抓住更多的机会，获得更大的发展。

一个人最重要的是要有富足之心，能够笑看输赢得失，这样的人拥有足够的信心实现梦想。那么，怎样才能不被成败所困扰呢？在此，我们总结了一些方法：

1. 帮助他人而不求回报。笑看输赢的人愿意帮助他人，不求名、不求利、不求回报。他会在奉献的过程中实现自己内心的满足。

2. 不自怨自艾。笑看输赢者把损失看得很淡。他们不会怨恨别人和自己，而只是采取行动来挽回损失，做自己能力范围内的事。

3. 放弃“多多益善”的想法。只要你拥有“多多益善”的想法，认为物质生活“越多越好”，你就永远不会满足。

三百六十行，无论从事哪一个行业，总会有竞争，总会有成败。在事业中沉浮，在经验中成长，这才是一个成熟的人的人生轨迹。要知道输赢只是暂时的，重要的是从中汲取经验和智慧。

越是小心翼翼，越是可能被心中的担忧拖垮，不如看淡成败，放手一搏，人生没有永远的输赢。

自主创业，放下身份天地宽

有一位研究生，在校时成绩很好，大家都很看好他，认为他必将有一番了不起的成就。后来，他的确有了成就，但既不是高官也不是老总，而是卖米线卖出了成就。

原来他在毕业后不久，得知家乡附近的夜市有一个过桥米线的小摊要转让，他那时还没找到工作，就向家人借钱，把它买了下来。因为他对烹饪很有兴趣，便自己当老板，卖起米线来。他的研究生身份曾招来很多不以为然的眼光，但却也为他招来了不少生意。他自己倒从未对自已学非所用及高学低用产生过怀疑。

现在呢？他还在卖米线，但也搞投资，钱赚得比一般人不知多多少倍。“要放下身份，不要被面子所左右。”这是那位同学的口头禅和座右铭，“放下身份，路会越走越宽”。

那位同学如果不去卖米线或许也会很有成就，但无论如何，他能放下研究生的身份，还是很令人佩服的。

人的“身份”是一种“自我认同”，并不是什么不好的事，但这种“自我认同”也是一种“自我限制”，也就是说：“因为我是这种人，所以我不能去做那种事。”而自我认同越强的人，自我限制也越厉害。有的千金小姐不愿意和她的女同桌吃饭，博士不愿意当基层业务员，高级主管不愿意主动去找下级职员，知识分子不愿意去做“不用知识”的工作……他们认为，如果那样做，就有损其身份和面子。

其实这种对于“身份”的顾忌只会让人的路越走越窄。不是说有“身份”的人就不能有得意的人生，但我们相信，在非常时刻，如果还放不下身份，那么只会让自己无路可走。如果能放下身份，那么路就会越走越宽。

你如果想在社会上走出一条路来，就要放下身份，也就是：放下你的学历、放下你的家庭背景、放下你的身份和面子，让自己回归到一个普通人，甚至比普通人更为谦虚。

“放下身份”比放不下身份的人在竞争上多了几个优势：能放下“身份”的人，不为眼前的成绩所累，反而以归零的心态学习更多的知识、技巧，为下次成功打下坚实的基础；另外，能放下“身份”的人，明白身份乃身外之物的道理，他们会为了长远利益而做出一些舍弃，因此也就比别人早一步抓到好机会。

有这样一则故事：一个千金小姐随着婢女在饥荒中逃难，干粮吃尽后，婢女要小姐一起去乞讨，千金小姐说：“我是小姐。”小姐不愿意去。结果可想而知。

如果你追求成功，你就要放下你的身份，不管以前的你多么高大、多么辉煌，都应该努力使自己心态平静，从零开始准备，那样的话，你的路才会越走越宽。

如果任何时候都放不下自己的身份，那么只会让自己越来越无路可走。

小钱也是钱，小生意也不放过

做生意不要只盯着“大生意”，一心只想“赚大钱”，要知道做大生意是要以做好小生意为前提的。

许多温州人都是以生产牙签、打火机这些“小玩意儿”发财致富的，温州商人王麟权就是其中的一位。

几年前，王麟权离开了已被兼并的南山陶瓷厂。但在家待久了，心里的确有点烦。一天，坐便器堵了，排泄物怎么也下不去，急得他乱捅一气。

突然，王麟权来了灵感，他一头扎进了自己的小屋。一段时间之后，只有初中文化的王麟权竟然研制成功了专门用于厕所除垢、下水道疏通的化学制剂“洁厕精”与“塞通”。这属国内首创，还获得了技术专利。由于家住在2栋406室，他便为自己的产品申报商标为2406。

王麟权向妻子拿了几万元钱，又招了6名工人，于是，一家像模像样的生产“洁厕精”和“塞通”的公司就算开张了。这类产品千家万户都离不了，却又很少有厂家关注，销路自然不成问题，甚至还供不应求。“人家都说我是从厕所里淘出黄金的人。”王麟权每谈及此，总会得意地大笑。

事实上，大部分温州商人经营的都是这样的“小商品”，看似不起眼，带来的利润却是惊人的。

在“农民城”温州龙港镇，偏处一隅的批发市场“中国礼品城”是中国最大的企业宣传礼品批发中心。“光是青岛海尔每年3亿元的礼品采购，就至少有 6000 万元来自这里，”“天一礼品”的一位缪姓经理满脸堆笑，他说，“连四川的五粮液也是这里的采购大户，一年几百万的订单只是小意思。”笔、雨伞、打火机……温州和周边省份制造的各类礼品，印上各种企业的名称，先后出现在我们的周围。温州企业有“航母”，但更多的是“小舢板”。小商品却有大市场。

温州苍南县的一些印刷包装企业，专门为国内的白酒企业等制作包装盒，一年的销售额达到 30 多亿元。纽扣更为典型，温州的服装其实较少用本地产的纽扣，这些产品主要销往外地。按照各类纽扣的平均值算，每一麻袋纽扣的总数约为 50 万粒，利润仅为数千元，一粒纽扣获利最薄的以毫计。难以想象的是，这些不起眼的纽扣半年就能创造 5 亿多元的产值。

为了抓住客户，再小的生意也要“舍得”做，更何况，有些生

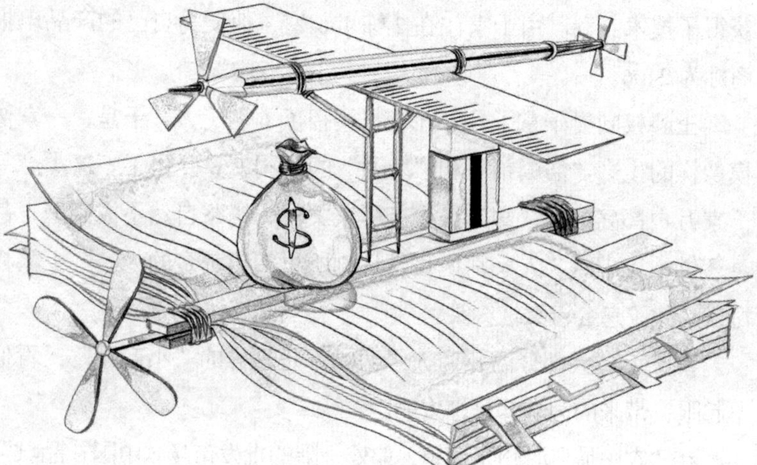

意看起来小，可利润却很大呢！

小生意有时候藏着大机会、大财富，如果看准了时机和市场，就不要纠结于生意的大小，机会错过了，就没有了。

放下面子，创业没有门槛

自古以来，中国就是重农轻商的。古代的四大行业，所谓“士农工商，四民有业”，商业是排在最后的。司马迁作《史记》，将为商贾立传的《货殖列传》排到全书的最后，在司马迁的思想里，商贾的地位，连从事看相、算卦的都不如。

所以，有的人开始创业时，因为耻于与“商人”联系在一起，就掩饰地说自己做生意是为了创一番事业。但真正的商人毫不掩饰自己的目的，理直气壮地说是为了赚钱！威力打火机有限公司老板徐勇水面对“你创业成功的动力是什么”的提问时，他的回答是：“就是为了赚钱，过上好日子。”

正是因为这类商人脸皮“厚”，才能赚到别人赚不到的钱。他们认为职业没有高低贵贱之分，加上他们敢为天下先的胆识，决定了他们敢四处闯荡，占据了外地人不屑一顾的那些领域，不声不响地富了起来。

当年在街上摆摊、依靠擦鞋度日的小擦鞋匠，如今已成为中国台湾地区制鞋业的领导品牌之一“阿瘦皮鞋”的创始人兼董事长，他就是罗水木。古稀之年的他笑着回忆：“年轻时我长得瘦小，体重不到 50 公斤，街坊都叫我‘阿瘦’，既亲切又贴切。”

20世纪50年代还是一个很多人穿不起皮鞋的年代，擦鞋可谓“金字塔顶端的五星级服务”。但是在台北市延平北路二段“东云阁”大酒家楼下已形成了一条“人龙”，在“金融一条街”工作的上班族，正排队等候名声响亮的“阿瘦仔”擦鞋，尽管“阿瘦仔”擦一双鞋的价格比吃一顿正餐还贵。只见在“人龙”的最前端，身手利索的“阿瘦仔”拿着毛刷和擦布，飞快地给客人的皮鞋上油、擦亮、磨光，同样的程序毫不马虎地坚持3轮，才算大功告成。

“阿瘦仔”擦鞋摊附近，擦鞋摊、擦鞋店林立，但要想找到“擦3遍，亮3天”的擦鞋师傅，除了“阿瘦仔”，可说是“别无分号”，“擦鞋找阿瘦”的口号不胫而走。

“我绝对不会因为客人多，为了抢时间而减少一道工序。”罗水木骄傲地说，“客人的眼睛是雪亮的，即使能骗得了一时，客人也终究会发现。”从10岁起就辍学的他，头脑中有一种模糊的“品牌观念”——“阿瘦仔”的招牌，沾不得一点儿灰尘。

创业路上不乏艰难险阻，即使是擦皮鞋，罗水木也全心投入，终于获得了顾客的信任，他从台湾街头一个不起眼的小擦鞋摊干起，直到创立了年营业额超过30亿元新台币(约合6.2亿元人民币)的“龙头企业”。

在成功商人看来，面子不值几个钱，能赚大钱才算有面子，这是成功商人独特的“面子观”。在他们的观念中，如果你想在社会上走出一条路来，那么就要放下身份和面子，让自己回归到“普通人”。同时，也不要在乎别人的眼光和批评，做你认为值得做的事，走你认为值得走的路。

放下面子更易获得成功，因为舍弃面子的人，他的思考富有高度的弹性，不会有刻板的观念，而能吸收各种资讯，形成一个庞大而多样的资讯库，这将是他的本钱；舍弃面子的人能比别人早一步抓到好机会，也能比别人抓到更多的机会，因为他没有面子的顾虑。

俗话说：可怜之人必有可恨之处，对于那些宁愿吃低保而不愿努力打拼挣钱的人，成功商人是最瞧不起的。

你会说，成功商人当初不也一贫如洗吗？但他们能丢掉面子，顶着压力努力赚钱，所以成功商人能赚钱而且赚到了钱就在情理之中了。

职业没有高低贵贱之分，只有敢于“厚着脸皮”去创业，才能收获别人无法企及的成功。

创业就不能做“行动的矮子”

创业者都是行动家，因为行动能说明一切，行动能证明一切。很多人也有创业的冲动，却不能付诸行动，他们认为要把一切都算计好了，保证万无一失才能行动。的确，做任何事都会有风险，然而不做更有风险，等待还有机会风险。

还有很多人，认为创业需要等条件成熟了再去做，可是什么时候算是条件成熟呢？等有足够的资本，还是有足够的经验？要知道，机遇不会等你条件成熟了才来。倘若比尔·盖茨等自己条件成熟了才去创业，那他或许就只是电脑行业的三流角色。创业者要用自己的激情点燃事业，条件不成熟就创造条件促其成熟。没有行动的创业就只是白日做梦。

行动才能发现机遇，才能发现自己的构想与实践的距离，没有行动就无法检验你的想法，就无法寻找到发展的契机。我们处在多变的时代，机遇更应该在变动中追求，所谓以变制变就是这个道理。

那些创业大师们都是典型的冒险家，他们知道行动会带你发现神秘，找到解决问题的办法；他们也是坚定的叛逆者，他们毫不犹豫地选择过另一种生活，并努力用行动去证明。维珍公司的创始人理查德·布兰森就是这样一个人。

享誉世界的维珍公司拥有众多的商品和服务，涉及音乐、航空、服装、饮料、电脑游戏和金融服务等领域。维珍公司是一个商业神话，其创始人理查德·布兰森是一个伟大的行动者和冒险家，被誉为“全球品牌塑造大师”。

理查德·布兰森 1950 年出生于英国的一个偏僻小镇，从小就接受英国传统教育，但天生叛逆的他无法忍受学校的教条禁锢，16 岁那年就辍学归家。布兰森从小就梦想做一个成功商人，满脑子里充斥着天才构想和经商计划。

辍学后，布兰森如鱼得水，急急忙忙投入到商海之中。年仅 16 岁的布兰森兴办了一份名为《学生》的杂志，但效果并不理想。没多久，他突发奇想，要办一家邮购唱片公司。然而，当时的布兰森对流行音乐一知半解，对唱片市场更是一窍不通。他凭着自己的感觉和年少的无畏，勇敢地行动，借助《学生》杂志的广告一举成功。理查德·布兰森一夜间声名鹊起，订购单如雪片般飞进他的口袋。

随着事业的逐步成功，布兰森善于行动的能力发挥了重要作用。他每找一条创建新品牌的独特模式和商业运作，都是一次冒险行为，这使得 20 多年后人们都知道他是这样一位特殊的行动家。不仅在商场上爱冒险，在生活中，布兰森也热爱冒险，他曾经横渡大西洋并打破世界纪录，还曾经乘坐热气球向死神挑战获得成功。

布兰森相信行动而不相信任何商业教科书，甚至向教科书发起挑战。例如，哈佛商学院的必修课程将航空业、可乐市场和英国的

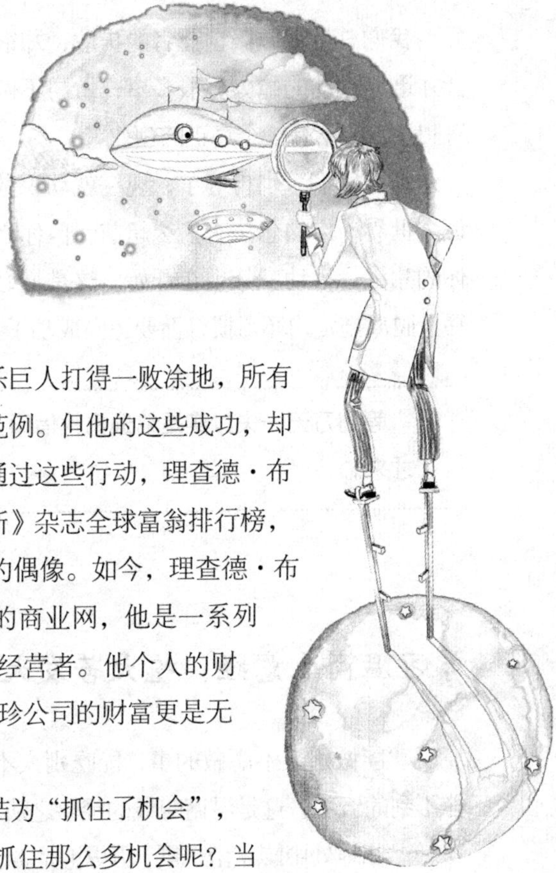

金融服务市场划入竞争最为激烈、最不容易涉入的市场，但布兰森却能轻而易举地进入这些市场，而且搞得有声有色。

他在航空业是呼风唤雨的人物，也曾经将可乐巨人打得一败涂地，所有这些都可称得上是成功的范例。但他的这些成功，却是以敢想敢做为基础的。通过这些行动，理查德·布兰森将自己推进了《福布斯》杂志全球富翁排行榜，使自己成为英国民众崇拜的偶像。如今，理查德·布兰森拥有200家公司组成的商业网，他是一系列国际顶尖品牌的创始者和经营者。他个人的财富已超过30亿美元，而维珍公司的财富更是无法统计。

布兰森把他的成功归结为“抓住了机会”，然而有几个人像他一样，抓住那么多机会呢？当他有一个个天才的构想时，他都能毫不犹豫地实施，并不以自己是某个行业的门外汉而却步，而是坚定地朝着自己认定的目标前进。我们难道缺少想法吗？不！我们周围有很多人很有想法，但很少有人能真正去实现自己的想法，我们缺少冒险的勇气和实现目标的动力。

创业者要提高自己的行动力，不要害怕行动会带来失败，失败了可以重新再来。失败只能证明某一种想法不合时宜，但还有无数个想法等待我们去努力，为什么我们要沉浸在失败的阴影中呢？

我们总是很佩服创业者的勇敢，却很少注意到他们善于抓住机会并迅速行动的能力。很多事，做与不做，存在着质的差别，仅仅有想法，绝不是一个真正的创业者。

创业家们，别再等了，现在就动手做吧！你可以用各种方式告诉全世界，你的想法有多么超前，但你必须通过行动，让别人知道你的想法。行动就从现在开始，这是最好的自我激励器，因为你将马上脱离拖延的坏习惯，而要迈向成功了。

等到万无一失其实是给懒惰找借口。机遇不会等你条件成熟了才来。

学习温商生意经：吃大苦发大财

“能做别人不愿做的事，能吃别人不能吃的苦，就能挣到别人挣不到的钱”，这是温商赚钱的经验之谈。

温州地处中国东南一隅，历史上是贫苦、边远、相对封闭的地方。加之温州一带三面环山，一面是水，交通相当不便，即使到邻近市县也要翻山越岭。这种不利的地理环境造成了温州与世隔绝的状况。但天性不屈服于现状的温商为了突破这种封闭、贫困的生存环境，都具备一种吃苦耐劳、坚忍不拔的精神。

早在《隋书·地理志》中就有这样的记载：“永嘉县，妇人勤于纺织，有夜浣纱而旦成布者，俗谓之‘鸡鸣布’。”清朝陆进在《东瓯掌录》中记载得更加具体形象：“东瓯一带，妇女勤纺织，寒暑昼夜之间，虽高门巨室，始龀之女，垂白之妪皆然。”她们夏织苎，冬纺棉，昼夜之间，不仅自己织布做衣，还把织成的布拿到市场上出售。这种勤劳刻苦的精神，同样也反映在农业、渔业、手工业等其他社会领域。

宋代温州知事真德秀，曾记载温州农民“勤于耕作，土熟如酥；勤于耘耔，草根尽死；勤于修胜，蓄水必盈；勤于粪壤，苗稼倍长”。

明万历版《温州府志》有这样的一段记载：“温壤多泥涂，土性浇薄，民以勤力胜之。”

今天的温州创造了一个又一个的经济奇迹，备受世人瞩目，正是得益于温商这种勤劳吃苦的传统精神。

有人说，小老板靠勤奋吃苦赚钱，中老板靠经营管理赚钱，大老板靠投资决策赚钱。“白天当老板，晚上睡地板”，就是温商早期创业的真实写照。正是靠这种精神，他们才能在缺乏资源的情况下迅速将企业的规模做强做大。

生于浙江温州的王绍基，曾先后在杭州音乐学院和上海音乐学院专攻指挥和管弦乐器。1985 年他在一个朋友的帮助下到马德里谋生。初到西班牙，身上只有 20 美元的王绍基做过中餐馆洗碗工、跑堂，还到邻国葡萄牙跑过小买卖。他在一家小小的成衣加工厂里做熨衣工，度过了一生中最困难的时期。

拥挤的车间非常简陋，他白天在这里做工，晚上也在这里睡觉。没有床，就睡在从马路边捡来的破床垫上。马德里的夏天非常炎热，通风不良的车间气温有时达 40℃以上。熨衣工手握滚烫的熨斗，更是热得难以忍受。王绍基负责熨烫裤子，半分钟必须熨烫好一条裤子，这在常人看来，的确是个又苦又累又紧张的工作。但王绍基坚持了下来，而且时常抽空到当地中国人办的西班牙语学校学习。

在西班牙，语言不通几乎是所有华人都遇到过的一个难题。不通当地语言，很难有什么发展。西班牙语用途很广，但却非常难学。

西班牙人语速极快，不经过多年的苦学是听不懂也说不出的。经过勤学苦练，王绍基逐步掌握了西班牙语，为以后的发展打下了必要的基础。

20 世纪 90 年代初，经过几年的苦心经营，王绍基创办的公司已经成为西班牙进口中国商品的主要合作伙伴，而且从 2003 年起，王绍基又将经商的触角伸展到新闻媒体方面，创办了一家中文报纸《欧华报》，这使他的事业有了更大发展，人生也更加辉煌。

王绍基信奉的人生哲学就是孟子的那句话："天将降大任于斯人也，必先苦其心智，劳其筋骨……"任何一位成功的商人都清楚，能吃苦只能算是入门的"必修课"，没有吃苦的精神，在生意场上终将一事无成。

能做别人不愿做的事，能吃别人不能吃的苦，就能挣到别人挣不到的钱。

放下急躁，越什么也不能越权

作为下级，要区分哪些事情是应该请示领导的，哪些是不请示领导就可以自己去做的。任何不当的做法都会导致难以挽回的后果。

小宫在某单位经营部工作。一天下午，领导开会去了，一位客人按照约定时间来与领导见面。小宫怕打搅领导开会，也没有与领导联系，就私自做主对那位客人说："我们经理今天下午开会去了，不会回来了。"于是客人很不高兴地走了。半小时后，领导急匆匆赶来，开口就问是否有一位客人来，小宫将事情一说，领导当时就沉下脸来，说："你怎么知道我不会回来，那位客人是我约了好几次才来的！"

小宫的经历反映了工作场合中存在的基本问题。一些小的、看起来无意的错误，有时会造成极大的职业障碍。如果你知道在何处容易出错，你就能够避免很多麻烦。

如何避免发生此类越俎代庖的事情呢？

首先要分清哪些事情是领导要亲自拍板的，哪些是可以放手的。下级和领导所认同的重要的事情并不完全相同，你要在日常工作中注意观察，多积累经验，了解不同上司的脾气。如果分不清楚什么是重要的或者不重要的，你可以通过试探向领导询问，"我已经按照您的意见改完了，您再看一看"，或者"我改完了就发下去，行吗"……此类的话就会避免发生矛盾，即使领导指责也是责任分半了。再怎么说，礼多人不怪。如果真要是上司故意找你的麻烦，你可以拿出具体的时间、地点为自己辩护。

其次，注意程序流程。分派任务的是谁，就应当让谁负责。上下级之间的工作程序应该严格执行。

再次，领导有明确回答时，当做主时就做主；没有交代的事情不要随便做主。宁可放着，也不动。没有什么事情真的那样急。

处理好与领导的关系，务必要相互了解。不管你多么才华横溢，志存高远，没有得到领导的任用，也是枉然。你如果对领导的习惯、方法、嗜好等有所了解的话，那么在领导面前说话就会更得体，工作就做得更合他的心意。这样一来，领导自然会觉得你好。你要敢于和领导接近，并和他保持合适的距离。

把握与领导的距离就像炒菜一样，掌握好了火候，也就不难了。

刚入门，放下身段多学习

每年都会有成千上万的莘莘学子在过五关斩六将之后踏入实习的大门，这也是在毕业之后能够顺利获取工作的一条重要通道。然而实习期的枯燥乏味却让众多学子们抱怨不已，整日在烦琐的杂事中度过，堂堂的一名大学生怎么就成了打杂的人呢？眼高手低的心态让毕业生对自己的未来有了怀疑，像大牌一样不愿听从前辈们的指示，成了大家心目中的“格格党”。

他们不愿意做打杂工，融入不到公司的氛围之中，跟老员工也无法很好地相处。在这种消极的状态下，原本斗志昂扬的毕业生逐渐地消磨了对未来的憧憬与激情，成了一台终日抱怨的机器。

王女士在某公司已经打拼多年，可以说没有什么人和事是她没

有见过的，然而最近刚进入公司实习的一批毕业生却让她犯了难。有一次，王女士找一个实习生到网络部找人来维修电脑，可是在她下达了命令之后那位实习生却坐在自己的椅子上无动于衷，王女士只好再对实习生说了一遍自己的意思，只见实习生愤愤地回答她说："我又不是来这里打杂的！我是来工作的！"这个时候旁边一个老同事看不下去了，就对实习生说："让你去找维修工没听见啊？！"没想到实习生却更加不耐烦地回答："我在和我的老师说话，关你什么事啊！"

实习生的态度让王女士这位老将愕然，她没想到如今的大学生会是如此的自视清高，她提醒这些刚入公司实习的学生："打杂虽然是小活儿，然而从做这些小事上却可以看出一个人的工作态度，公司的每位老员工都是从这一步走过来的。一屋不扫又何以扫天下呢？”王女士希望毕业生能找准自己的位置，从小事做起，从态度着手，放低姿态，不要过于自我。

现代社会竞争激烈，能有机会到公司实习已经是非常幸运的事情了，可为什么实习生们还不能牢牢地抓住这样难得的机遇呢？刚入职的新人都难免要做一些杂事，又何况还没有被正式录用的实习生？

除了在做什么上存在争议之外，公司的新人还有很多让他们烦恼的事情，与其他员工融入不到一起就是其中之一。

小林就是刚刚被一家网络公司录用的新人，每天都兢兢业业地做着自己的事情，却从来不和其他的同事搭讪或是聊天。中午吃饭的时候他也是在餐厅中独自就座，看着其他的同事有说有笑地享用午餐，一股莫名的哀伤就涌上了小林的心头，他总是安慰自己说：“我是搞技术的，只要自己做好了，领导就一定会发掘我这个人才的。”可是随着时间的推移，在公司待得越久，小林就越觉得被大家孤立了……

每个新人都会面对如小林这样的问题，如何解决就在于个人在人际交往方面的技巧了。其实拉近与同事之间的感情非常简单，有时候一个小小的举动就能够让自己融入新的环境中去，也能让其他同事接受你。没事的时候与同事说几句亲近的话，或是带一些家乡的特产给他们，礼物虽小，却也能表达你的一片心意。

新人在公司里要胆子大一些，不要把自己当成外人，毕竟你已

经被录用，慢慢地，你就会发现自己已经被这个大家庭所接受了。

任何事物在新的环境中都要经历一段适应的时间，公司的新人更加要懂得这个规律。同样的，任何出人头地的大人物都是从不起眼的小角色做起的，所以说，初来乍到，新人在公司中还是要勤快一点，多学习，多进步，快速融入群体中去。

新环境中的生存与扎根，需要踏实而诚恳地与人相处，放低身段，好学上进。这样才不会被孤立，才能够进步。

职场女性，学会“鸵鸟姿态”

每当鸵鸟遇到危险时，它就把头埋进沙里，以为只要自己什么也不看，就能够化险为夷，太平无事，颇有些掩耳盗铃的味道。人们将此称为“鸵鸟姿态”，用以讽喻那些不敢正视现实，只会自欺欺人，逃避困境的人们。然而如今，“鸵鸟姿态”却成为职场女性的必胜法宝，它不是怯懦，而是低调，不是逃避，而是淡定，不是自欺欺人，而是虚怀若谷。“鸵鸟姿态”，也已成为职场女性的必修课。

现如今，很多人的工作状况糟糕得一塌糊涂，却也想维持一种颇有格调的小资生活，甚至是贵族生活，这只能使他们的经济情况越来越糟糕，甚至万劫不复。拥有较高的精神境界固然好，对生活品质的追求却应当建立在现实的经济基础之上。每个人在踏入社会之后，都应当认清自己，降低姿态，实事求是地权衡自己的经济条件，切莫一味地攀比，盲目地拔高。聪明人都知道，姿态太高，只能使自己跌得更惨，只有将自己放在最低处，才能拥有最大的向上的势能。也就是说，应当秉持“鸵鸟姿态”。

有一家公司，老板是个广东人，对下属非常严厉，从不给笑脸。他是个说一不二的人，该给你多少工资、奖金，不会少你一分，下属都拼命地工作。公司有个规定，不准相互打听谁得多少奖金，否则“请你走好”。虽然很不习惯，员工们还是一直遵守着。有一个月，大家都发现自己的奖金少了很多，开始不说，但情绪总会流露出来，渐渐地，大家都心照不宣了。

一天中午，吃工作餐的时候，见老板不在公司，有人就摔盆碰碗发脾气，很快得到众人的响应，一时抱怨声盈室。有一个到公司不久的中年妇女，一直安安静静地吃饭，与热热闹闹的抱怨极不相称，因而引起了大家的注意。人们问她，难道你没有发现你的奖金被老板无端扣掉一部分吗？她显得有些吃惊，整个餐厅一下子安静下来，大家都一脸疑惑，在心里揣摩，人人都被扣了，为何她得以逃脱？

不久，她被提升了，他们又嫉妒又羡慕，她的工资高出很多，还有奖金。很久以后，大家才知道她是被扣得最多的一个。后来，她描述起了当时的心情：这个月我一定做得不好，所以才只配拿这份较少的奖金，下个月一定努力。为何其他人却没有这样的想法呢？她是这样分析的，那时她工作近二十年的工厂亏损得很厉害，常常发不出工资，她实在没办法，因为家庭负担太重，上有生病的老人，下有读书的孩子，还有因车祸落下残疾的丈夫，于是就出来打工了，收入比以前的工资要高出一些，这让她喜出望外，非常珍惜这份工作，甚至感激老板给自己提供了这份工作。

后来，许多人离开了那家公司，跳了几次槽，但都没有得到一份满意的工作。但是，她一直固守在那儿，当上了经理助理，成了标准的白领丽人。谁能想到几年前，她不过是人到中年的下岗女工呢？

这位女工或许没有过人的才华，或许没有非凡的眼界，促使她取得成功的，便是这种“鸵鸟姿态”。在职场上，她不浮躁、不冒进、不高调、不抱怨，而是切切实实地完成好自己的工作，平实而又准确地衡量自己的人生。在当下，许多人恰恰缺乏这种心态，人们总是追求较高的起点，追求高格调的生活，却不懂得自我审视，不明白谦卑才是最有力的武器，不知道一切都应当建立在现实的基础上。

其实，只要拥有“鸵鸟姿态”，便不会经受不甘平庸的内心的困扰，便不会惧怕人生的低谷。拥有一颗平实、谦和的心，你便拥有了虚怀若谷，蓄势待发的前进姿态。

对生活品质的追求应当建立在现实的经济基础之上。

尊重上司，你才能成为事业舞台上的主角

只有尊重上司，谦虚守礼、尽心尽力，才能得到领导的看重、关心和爱护，上下级关系才能做到良性互动，才能更为融洽和谐。

南齐的王僧虔楷书造诣极深，许多官宦人家都以悬挂他的墨宝为荣，一时之间，流传着一种说法：王僧虔楷书不输王羲之，乃当今天下第一！

当朝皇帝齐太祖萧道成素来爱好书法，对僧虔的盛名一向很不服气，于是下旨传僧虔入宫“比试”。在大臣、随从的簇拥下，君

臣二人屏息凝气，饱蘸浓墨，各自挥毫写下一幅楷书。搁笔之际，齐太祖头一扬，双目紧紧盯住王僧虔，问道："你说我们两人，谁第一，谁第二？"

王僧虔额头冒出了冷汗，皇帝的书法虽有一定功力，但毕竟称不上炉火纯青。可是这位自负的皇帝又怎会甘心位居人后？昧着良心说谎，承认皇上技高一筹，固然不会得罪人，但这样的事王僧虔根本不屑去做。

王僧虔沉吟片刻，突然朗声长笑："臣心中已有分晓。臣的书法，大臣中排名第一；而皇上的书法，绝对是皇帝中的第一！"

齐太祖闻言，先是一怔，继而很快理解了王僧虔的良苦用心，他为皇帝留足了面子，同时又不失自己的气节。齐太祖不由得哈哈大笑，王僧虔也松了口气。

尊重上司才能得到上司的尊重，才能够增进你与上司之间的感情，化解矛盾冲突，使你赢得上司的好感，美化你在其心中的形象。尊重上司才能得到上司的尊重。出于对齐太祖足够的尊重，王僧虔才会在众目睽睽之下保全天子的威风，而不是傲慢地指出皇帝不如自己。

一般而言，上司在方方面面都应比下属高出一个档次，如工作经验丰富，有较强的组织、管理能力，看问题有全局观念等，也有一些上司具备一些个性方面的优点，如性格直爽、办事果断、工作细心等，这些都值得下属尊重和学习。但毕竟人无完人，上司也是人，一样会有缺点，会犯错误，这是无法避免的，在这种时候，有些下属就会觉得上司水平太低，表面服从，心里却缺乏尊重，甚至顶撞、抢白上司，时时处处表现出自己高出上司一等。

缺乏对上司最起码的尊重，会使你与上司的关系严重恶化；何况，不尊重他人本身就是缺乏修养的表现，更会导致同事的轻蔑和不满，

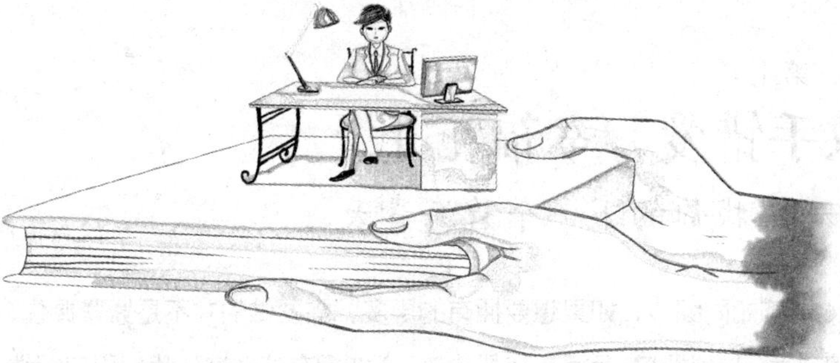

这样的人在一个集体中是最不受欢迎的。

当然，尊重不是无原则地讨好、献媚，奉承会让上司放松自律之念，滋生骄傲情绪，也会让整个集体弥漫着一股不正之风。当上司有这样或那样的不足时，要掌握分寸，巧妙地提醒、善意地规劝。做一个好的下属，对上司应该敬而不谀。

尊重上司才能得到上司的尊重，才能够增进你与上司之间的感情，成功化解矛盾冲突，将工作做得更好。

>>> 第七章

放手错爱，幸福花开

——去找你的下一个碧海青天

情感如同细沙，如果想要拥有的更多，需要做的并不是紧紧握住，力度越大，越想握牢，反而越容易失去。不能拥有的遗憾让我们更感缱绻，夜半无眠的思念让我们更觉留恋。感情是一份没有答案的问卷，苦苦地追寻并不能让生活更圆满。也许一点遗憾、一丝伤感，会让这份答卷更隽永，也更久远。

相爱就是给彼此自由

神对男人和女人说："你们要共进早餐，但不要在同一碗中分享；你们共享欢乐，但不要在同一杯中啜饮。像一把琴上的两根弦，你们是分开的也是分不开的；像一座神殿的两根柱子，你们是独立的也是不能独立的。"

在婚姻中两个人的关系是有韧性的，拉得开，但又扯不断。谁也不束缚谁，到头来仍然是谁也离不开谁，这才是和谐的婚姻。

夫妻之间产生争执的主要原因，是他们把婚姻当成一把雕刻刀，时时刻刻都想用这把刀按照自己的要求去雕塑对方。为了达到这个理想，在婚姻生活中，当然就希望甚至迫使对方改变以往的习惯和言行，以符合自己心中的理想形象。但是有谁愿意被雕塑成一个失去自我的人呢？于是“个性不合”“志向不同”就成了雕刻刀下的“成品”，离婚就成了唯一的一条路。

每个人本身都是“艺术品”，而不是“半成品”，人人都企望被欣赏，而不愿意被雕塑。所以，不要把婚姻当成一把雕刻刀，只想着把对方雕塑成什么模样；婚姻是一种艺术眼光，要懂得从什么角度欣赏对方，而不是去束缚对方，彼此之间的空间太小了，谁都会感到不安。

在现实的婚姻当中，如果男人和女人想互相扶助，就必须保留各自的个性。

完全依附于丈夫的妻子并不是好妻子，就像为了取悦妻子而改变自己的丈夫不是好丈夫一样，要知道，夫妻二人真诚相爱却兴趣不同是完全可能的。所以，谁也不能把对方纳入自己的视线中，要求对方想已所想，做已所做。

丈夫和妻子毕竟是两个不同的角色，他们有共同之处，但他们是两个人而不是一个人，只有保持各自的个性，才能过上美满的生活。

婚姻由两个不同的个体组成，他们必须和谐地生活在一起，为对方的生活添加幸福与快乐。婚姻生活应该是二重奏，而不是独奏。

婚姻生活需要技巧，需要经营，给彼此留一个自由的空间，婚姻的容量就会加大。婚姻需要的是两个人的互补，而不是完全的相同，时时刻刻以自己的要求去捆绑对方，婚姻就不再是一种和谐，而是一种重负。给另一半一个心灵的空间，你会发现你们之间不是走得更远了，而是更近了，不要去要求你们思想、行动上的绝对分不开，而要学会在分开中实现分不开。弦绷得太紧，总有一天会断

掉，更何况你们本来就是两根不同的弦，给对方一个自己发声的空间，不仅是出于对对方的尊重，还是婚姻中的一种境界，一种不可或缺的美。

你要做一个不动声色的大人了。不准情绪化，不准偷偷想念，不准回头看。去过自己另外的生活。你要听话，不是所有的鱼都会生活在同一片海里。

放开他并不等于失去他

生活并不是一帆风顺的，很多时候我们需要学会放手。放手不代表对生活的失职，它也是人生中的契机。

常常听结了婚的人谈起自己婚后生活的不顺心。“婚姻是爱情的坟墓”，许多人都觉得这是一句至理名言。为什么两个人都极为珍视的结合最后会成为感情的障碍？为什么为了更好地拥有对方而结婚，却使两人离得越来越远？看完下面的这篇文章，也许会对我们有所启示。

记得那是三年前，我们刚结婚那时，我丈夫还没有到如今的地步，仅仅是一个普通的职员，腰间仅有一台寻呼机。那时候，为了拼出一个好的前程，他忙得经常顾不上回家，而我，每天一到下班时间就打寻呼要他回来，生怕他在外面学坏了。久而久之，他的同事都笑称他带的是一台“寻夫机”，弄得他很尴尬，回到家就冲我发火：“整天呼我，你烦不烦啊？”

一听这话，我的委屈如潮水一般涌上来：因为关心你、爱你、害怕失去你，才这样频频保持与你的联系，可你却丝毫不领情……久而久之，我们的感情便日渐疏远。

后来，一篇文章改变了我对他的看法和做法——《放开他，并不等于失去他》，好奇心促使我读下去。有一个女孩，她很爱自己的恋人，和我一样，生怕失去对方，因此就无时无刻不监视着他，弄得他心烦意乱，提出要和她分手，这使她很伤心。她母亲是一个很有哲学家气质的人，听女儿诉说了自己的烦恼后，带她到了海边，捧起一捧沙子对女儿说："孩子，你看，我轻轻地捧着它们，它们会漏掉吗？"女儿看了一会儿，一粒沙子也没有从母亲手中滑落，就摇了摇头。接着，母亲说："我再用力抓紧它们，你看会漏掉吗？"说完，就用力去握沙子，奇怪的是，她握得越紧，沙子从指缝里漏得越多、越快，不一会儿，沙子从母亲的手中漏光了。这时，女儿忽然明白了：爱情和沙子一样，握得越紧，就越容易失去。

读到这里，我的心头豁然一亮：是啊，为什么一定要像握沙子一样握紧他呢？作为男人，他有自己的事业，有自己的天空，为什么不放开他，给他一定的自由呢？

从此，我改变了很多，不再老是追根究底地查他的去向，他对我的态度也因此有了明显改善。

后来，他说："我不得不告诉你，你感动了我。本来，我是打算与你离婚的，因为以前的你使我无法忍受。每天我回来这么晚，就是为了激你发火，让你和我大吵大闹，这样，我就可以狠心离开你。可现在的你让我再也离不开了。"望着他沉痛忏悔的表情，我忽然明白：放开他，但我没有失去他。

生活就是如此，婚后的夫妻相处更是一门学问。有时候将对方抓得太紧就表示你不信任对方，当他感受到这一点后就会想从你的手中挣脱，这样的婚姻怎么会幸福呢？然而当你表现得对他信任感十足时，你的“放手”才能更牢靠地将他抓住。

爱情和沙子一样，握得越紧，就越容易失去。给爱一点空间，爱才能走得久远。

给爱一条生路，也给彼此一条生路

24 岁的张华和男友经历了 5 年的恋爱长跑，其间有过无数次的争争吵吵、分分合合，可最后两个人还是在一起了。就在两个人快要结婚的前一个月，因为生活习惯的问题再次爆发了激烈的争吵。

以前数次的争吵，总是过不了多久就会重归于好，可这次，张华已经对这种周而复始的争吵厌倦了。两个人都属于个性极强、急性子的人，以后遇到矛盾谁能一直忍让呢？难道结婚以后也一直这么吵下去吗？

她想起过去买的一双鞋子，很漂亮，像一双精致的工艺品。就是因为太喜欢那双鞋子了，当初试穿时虽然左脚有些挤脚，可店里又没有第二双了，她还是买了下来，以为多穿穿就会适应了。

没想到过了很久，还是不合脚。每次穿着它出门都得忍受疼痛，回到家左脚的脚趾都会红肿。后来这双鞋只好一直放在鞋柜里，每次换鞋时看到它，都会遗憾地摩挲一下它精致的鞋面。

张华现在看到她的男友，就会想起那双鞋子。当初在一起时，只是出于爱慕，但并不了解男友是否适合她。当她发现两个人彼此不合适的时候，在一起已经太久了，谁也不忍轻易放弃，维系两人关系的其实只是一种不舍的心情。

漫长的 5 年并没有使两个人和谐相处，而依恋却很深。就这样两人走进了一个死胡同，只要两个人在一起，就不免摩擦得血迹斑斑，然而时间越长，就越不舍，于是两个人在伤口愈合后，又开始彼此之间新的伤害。

可惜无论在一起多久，不合适的终究不合适，就像那双鞋子，多穿一次，并不能让它更合脚一些，而只是让自己多经受一次痛苦。所以当你发现自己喜欢的鞋子并不合脚的时候，应该果断地把它丢弃。

选择恋人如同选择鞋子，只有合脚的才是最好的。不要忘记，爱也是可以选择的。如果想要拥有一份真正的爱情，也需要我们像买东西一样精心挑选。如若出现了什么问题，我们一样也要退换，不要在抱怨声中滞留。

爱情也是会出现质量问题的。毕竟爱情是两个人的事情，彼此个性的不同会使爱情产生很多问题。爱情的保质期究竟有多长，判断爱情消逝的标准又是什么，很多人都在研究。

当你的另一半已经品行不端，或者三心二意、对你冷漠的时候，

很显然，你们的爱情已经出现了问题。如果可以补救，那固然很好，可是有时爱情已经变质到无法挽回，这时硬在一起也没有好结果，甚至容易因爱生恨。那么我们为什么不去做新的选择，放爱一条生路呢？

人生变化难测，更何况是不能用理性评判的爱情呢？不知你有没有想过，明知爱已经不在，可就是不肯放手，原因是什么呢？“我就是要死拽着他，死也要拖死他！”当你说这句话的时候，很显然，不仅仅是他已经不爱你了，你对他也已经没有爱了。不放手的原因就是不甘心，不正确的自尊让你变得糊涂，让你执拗地牵拽着对方去继续已经没有结果的事情。筋疲力尽的牵拽甚至可能让你变得疯狂，做出一些过激的事情，从而使自尊丧失，甚至想回头都悔之晚矣。早知如此，何不及时放手做出新的选择。

在爱情上不要犯傻，要时刻警醒自己，爱也是可以选择的。在放手的同时，也是给予了自己一次新的选择的机会。给爱一条生路，也是给自己一条生路。

洒脱地爱，洒脱地放手，才能拥有真正的爱情。

拥有时珍惜，失去时祝福

人生在世，爱情全仗缘分，缘来缘去，不一定需要追究谁对谁错。爱与不爱又有谁可以说得清？当爱着的时候只管尽情地去爱，当爱失去的时候，就潇洒地挥一挥手吧！人生短短几十年而已，自己的命运把握在自己手中，没必要在乎得与失、拥有与放弃、热恋与分离。

有这样一对性格不合的夫妇，丈夫8次提出离婚要求，而妻子就是死活不离。在法院判决中，女方总是胜诉，就这样一直拖了29年。29年的岁月过去了，这位妇女的青春年华在拖延不决中消失了，乌黑的头发已成白发，红润的脸颊变黄了，刻上了一道道岁月的伤痕，身体也被折磨得满身病痛。由于妻子的坚持，婚姻仍然存在，然而爱情早已荡然无存。她失去了幸福的家庭，失去了自己的青春，失去了健康的身体，也失去了再婚的机会，孩子也没有因此得到真正的父爱。最后，法院还是判离了。离婚后不到两年，这位不幸的妇女就因病情加重而离开了人世。

学会放弃，在落泪以前转身离去，留下简单的背影；学会放弃，将昨天埋在心底，留下最美的回忆；学会放弃，让彼此都能有个更轻松的开始，遍体鳞伤的爱并不一定就能刻骨铭心。

每一份感情都很美，每一程相伴也都令人迷醉。是不能拥有的遗憾让我们更感缱绻；是夜半无眠的思念让我们更觉留恋。感情是一份没有答案的问卷，苦苦地追寻并不能让生活更圆满。也许一点遗憾、一丝伤感，会让这份答卷更隽永，也更久远。

爱情不是永久保证书，但你可以保证洒脱与幸福。很多时候我们以为自己失去了很多，所以很伤悲，其实不用这么悲伤，当我们错过了这个，实际上已经得到那个，比如一份感情，我们痛惜曾经那么深爱的人分开，其实分开就一定有分开的理由，大可不必那样伤怀，不合适的时候大家彼此放手实际上也是一种理智。只有放弃这份不合适的感情，才可能得到以后真正属于你的感情，失去的同时也是为下一次的得到打下基础。我们又何必悲哀呢？

当真正失去的时候，我们不要沉浸在自己设置的伤感氛围中无法自拔，其实很多的痛苦是自找的，因为当你错过花的时候你就会收获雨，错过了他，我才遇到你，因为上一次的失败才使得现在成功，人要背着自己的行囊不断前行，而不是停止脚步，不断地吮吸自己的伤疤。缱绻人生，遗憾其实是一份很不错的答卷。

学会放弃，让彼此都能有个更轻松的开始，遍体鳞伤的爱并不一定就能刻骨铭心。

放手错误的爱，留下淡淡余香

她是一个美丽、温柔的女孩，却曾为一个男人自杀。

他提出分手，她在电话里跟他吵架，要他回到她身边。

他说："很多事是不能勉强的。"

于是，女孩愤然用刀割开了自己的手腕。

女孩没有死，他也没有回到她身边。

她说她不后悔，她说那个时候的她的确可以为他死，不过，现在她不会那么做了。

不错，你问问那些为男人轻生的女人，她们的动机是出于爱吗？还是她们不能忍受被对方抛弃？

一个女人因为一个男人的离开而自寻短见，只有一个原因，就是除了他以外，她一无所有。一无所有的人，才会觉得活着没有意思。寻死，不过是惩罚对方的一种手段，毫不足惜，那并不是为情自杀，而是为惩罚别人而自杀。

勉强的爱情不会幸福，为对方的离去而制造悲剧的人也并非缘于真爱。爱，需要豁达，实在抓不住爱，就轻轻放手吧。生活是

多姿多彩的，爱情只不过是人生旅途上的一个里程碑。当你面临失恋的痛苦时，不必悲伤，身边还有更多美好的东西，可以医治失恋的创伤，冲洗掉一切烦恼、痛苦、惆怅、失意的情绪。

恩格斯在21岁那年曾失恋过一次。他在自己的日记中写道："还有什么比失恋更高尚和更崇高的痛苦——爱情的痛苦更有权利向美丽的大自然倾诉！"他果然去向大自然倾诉了，他越过了阿尔卑斯山，又到了意大利，很快在大自然的怀抱中医治了心灵的创伤，达到了心理的平衡。普希金在失恋后也远走高加索，在硝烟弥漫中冲洗掉失恋的惆怅。试想，一个经过生命与死亡痛苦挣扎的人，还会怕其他痛苦吗？有什么痛苦能比死亡更痛苦？相比之下，失恋的痛苦只不过是像被蚂蚁叮过一样，只是有点微痛而已。

文学巨匠歌德才华出众，他一生经历了十几次恋爱，每次他都全心地投入，把自己全部的热情奉献给对方，但一次又一次都未取回感情的"投资"。当他意识到爱情已面临破灭的边缘，有可能给对方带来灾难时，他立即从对方身边离开，不给对方带来痛苦，也及时地挽救了自己。

23岁那年，他又深深地爱上了一个叫夏绿蒂的少女，哪知她已经有了未婚夫，歌德又一次遭受沉重的打击，只好默默地离去。这已经是他的第5次失恋了。为此他痛苦至极，把一把匕首放在枕头底下，几次想到自杀。后来，他把全部的精力投身到文学创作中去，以工作热情补偿了感情上的失落，以事业的成功补偿了失恋的痛苦，也及时地挽救了自己。

失恋并不意味着永远失去幸福，失去感情生活。感情满足的方式也不仅仅是爱情，亲情、友情，甚至工作、学习的快乐也可以补偿因失恋造成的心理失衡。

“失去了她，我才遇见你。”这是一份无法企及的美丽。多一分坚强，失恋的人照样可以光鲜亮丽地生活，因为生命比我们预料的要顽强、要博大。

爱情是人生旅途上的一个经历，当你面临失恋的痛苦时，不要忘记身边还有更多美好的东西。

感情攥得越紧反而失去的越多

生活中，在很多时候，越是美好的东西，我们就越想拥有它。一旦拥有，就想要天长地久地守护在身边。然而，造物主却和我们开了个不大不小的玩笑：你越是想得到他的爱，越要他时时刻刻不与你分离，他越会远离你，背弃爱情。你多大幅度地想拉他向左，他则多大幅度地向右荡去。

从前，一位天使路过山涧的时候，遇到一位男孩，他们相爱了。

一天，天使对男孩说：“如果有一天，你不再爱我了，我会离开你。因为没有爱的日子，我活不下去。”男孩看着天使，坚定地说：“我永远爱你！”

他们的日子过得很幸福，但是，男孩总认为天使有一天会离开他。于是，男孩趁着天使熟睡的时候，把天使的翅膀藏了起来。

天亮以后，天使发现了这事，她十分生气：“把我的翅膀还给我！你不爱我了……”“我没有，我还是爱你的！”“你说谎，我不相信你！”当她从柜子里找出翅膀后，就头也不回地飞走了。男孩很后悔，默默地忏悔：“我不应该限制她的自由，妨碍她飞翔。不然她也不会就这么离开我了……”

爱的真谛不是自私也不是约束，更不是占有，而是给予对方自由呼吸的空间。如果你因害怕失去爱情而紧紧地握住它，不给它任何自由，那只能伤害对方也伤害你。

爱情的经营，应该是彼此的共赢。两个人的结合，是要为彼此带来更为丰富精彩的人生经历和幸福，绝不能因为两个人在一起，却使每个人的生活空间变得狭窄和压抑，互相妨碍各自的生活追求。因此，在爱情的过程中，应该给对方保留应有的个人空间，也让自己过得更加轻松些。

如果你因害怕失去爱情而紧紧地握住它，不给它任何自由，那只能对彼此都造成伤害。

别把感情浪费在不合适自己的人身上

在巴黎市中心的两条大街的交叉口，有一座名为“巴尔扎克纪念碑”的塑像，这座塑像上的巴尔扎克昂着头，用嘲笑和蔑视的目光注视着眼前光怪陆离的花花世界。然而巴尔扎克像却没有双手，这是怎么回事呢？

这座塑像是近代欧洲雕塑大师罗丹的作品。

为了创作出这件作品，理解和体会这位《人间喜剧》作者的思想感情，表达出巴尔扎克的内在神韵，罗丹仔细阅读了巴尔扎克的全部重要作品，认真钻研了有关巴尔扎克的评论文章和传记作品。

不仅如此，罗丹对塑像的创作所持的态度也极端认真。当时塑像的委托者限定 18 个月完成，并给了罗丹 1 万法郎定金。罗丹为了避免时间仓促而做得粗制滥造，退回了 1 万法郎，并要求多给他一些时间。

在塑像的创作过程中，罗丹还经常征求别人的意见。一天深夜，罗丹在他的工作室里刚刚完成巴尔扎克的雕像，独自在那里欣赏。

他面前的巴尔扎克身穿一件长袍，双手在胸前叠合，表现出一种一往无前的气势。

兴奋的罗丹迫不及待地叫醒一名学生，让他来评价自己的作品。这位学生怀着惊喜的心情欣赏着老师的杰作，目光渐渐地集中在雕像的那双手上。“妙极了，老师！”这位学生叫道，“我从来没有见过这样一双奇妙的手啊！”

听到这样的赞美，罗丹脸上的笑容消失了。他匆匆跑出工作室，又拖来另一个学生。“只有上帝才能创造出这样一双手，它们简直和活的一样。”学生用虔诚的口吻说道。

罗丹的表情更加不自然了，他又叫来第三个学生。这个学生面对雕像，用同样尊敬的口气说：“老师，单凭您塑造的这双手，就可以使您名垂千古了。”此时的罗丹已经变得异常激动，他不安地在屋内走来走去，反复端详这尊雕像。突然，他抡起锤子，果断地砍掉了那双“举世无双的完美的手”。学生们惊讶于老师的举动，一时不知说什么才好。

罗丹用平静的口气对他们说：“孩子们，这双手太突出了，它们已经有了自己的生命，不属于这座雕像的整体了。”

罗丹是明智的，不留恋最完美的，只根据自己的需要进行选择。生活中，选择恋人何尝不是如此。漂亮的、英俊的、有钱的……但不适合自己又何谈幸福呢？

爱情绝不是生命的全部，除此之外我们还有更多的事情需要去做，而不必在此浪费时间，特别是不要把感情浪费在不合适的人身上。当你发现对方不适合自己了，不要一味地忍让包容，这样只会纵容对方。受了伤害，就有权离开。不爱了，就要果断。和不适合的人分开，才会给自己机会去遇见合适的人。

选择终身伴侣更要讲究适合自己，适合自己的一个前提是：对方要是个“自由身”。“自由身”就是可以自由和你交往，没有结婚、没有订婚、没有固定的交往对象、单身并且只和你交往的人。如果你爱上的男人答应会早点和另一个女人分手；或是他说他不爱那个女人，他爱的是你；或是他原来的对象接受你的存在，他们不打算分手，但他想跟你在一起一阵子；或是他刚分手，但可能破镜重圆……这些都不是“自由身”。

感情是珍贵而又容易枯竭的，请珍惜你的感情，别把它浪费在不适合的人身上，而将它投注到合适的人身上。果断地丢弃不合脚的鞋，唯有如此，你的感情才能开花结果，否则你将收获无尽的伤痛与悔恨。

适合自己的才是最好的。一份感情是否完美，在于是否真正适合自己。

真爱自己便不会强求自己

苏蓉是金融系毕业的高才生，1.68 米的身高配上大眼睛、柳叶眉更是娇俏可人。可就是这样一个各方面都很出众的女孩子，却迟迟嫁不出去。原因很简单，俗话说，结婚要“门当户对”、恋人要“郎才女貌”，所以家境和自身条件都很出众的苏蓉认为自己未来的丈夫应该是各方面都完美的人。遗憾的是这样一个完美的人却迟迟没有出现在苏蓉的世界里。在一年又一年的等待中，闺中密友都已经嫁作人妻，自己的追求者也都络绎而去，苏蓉还是一直苦苦坚守着自己最初的择偶标准，于是，至今美丽的苏蓉仍然孤单地穿梭在这

个都市里。

现在的都市，像苏蓉这样的单身高龄白领越来越多，他们用自己内心的标准衡量着这个世界来来往往的人群，却因为自己亘古不变的执着一次又一次大失所望。

真爱自己，又何必强求自己？俗话说："人生不如意事十之八九。"世界上很少有什么事情会按照自己的愿望圆圆满满地实现。当现实和我们心中的期待发生冲突的时候，难道就没有一种妥协的方法吗？

某大学高才生陈小姐，因相貌欠佳，找工作时总过不了面试关。经历了一次又一次的打击，陈小姐几乎不相信所有的招聘渠道，她决定主动上门专挑大公司推销自己。

她走进一家化妆品公司，面对老总，从一些国际知名化妆品公司的成功之道说到国产品牌的推销妙招，侃侃道来，顺理成章，逻辑缜密。

这位老总很兴奋，亲切地说："小姐，恕我直言，化妆品广告，很大程度上是美人的广告，外观很重要。"陈小姐毫不自惭，迎着老总的目光大胆地说：“美人可以说这张脸是用了你们的面霜的结果，丑女则可以说这张脸是没有用你们的面霜所致，殊途同归，表达效果不是一样吗？”最终，她被正式录取了。

陈小姐于劣势之中，以自爱赢得了胜利。

世间芸芸众生，有一个共同的特点，那就是一切都是为了一个“我”，最放不下的也是这个“我”。于是所有人都拼尽一生，去赚取这个“我”所需要的物质享受和精神享受，最终衍生出无穷无尽的痛苦。

真爱自己便不会强求自己，人的一生总会遇到许许多多的人，来来往往中，爱我的人来了又可能走了，世事无常，我们又何必执着于内心那个虚无缥缈的标准？这个世界，很多人都可以去爱，彼此照顾，珍惜即可，相濡以沫便是最美。

在爱情的征途上，我们不怕燃烧自己，生命的灿烂在于我们涌动不息的生命激情，我们付出、挥洒，我们用自己点亮黯淡的人生，在光和影之间翔舞，境由心造，心境互融，浪漫自生……

也许正如张爱玲说的那样，于千万人之中遇见你所要遇见的人，于千万年之中，时间的无涯的荒野里，没有早一步，也没有晚一步，刚巧赶上了，那也没有别的话可说，唯有轻轻地问一声：“噢，你也在这里吗？”

爱自己，才能更好地去爱别人。不强求，才能更好地去拥有。唯有学会随缘淡然，不勉强自己，才能更幸福。

盲目地选择爱情，是不幸的序曲

进入青年时代的人们，往往要面临着一个亘古常新的课题，那就是爱情。它不知不觉地，悄悄地潜入你的心扉，撞击你的心灵。但是爱情，它可能使你获得无比的幸福，也可能使你坠入不幸的深渊；它可能使你有个腾飞的起点，也可能给你划出一条失足的轨迹。

18岁那年，莎士比亚与安·哈瑟维结婚，但据教堂记录，此前不久，他曾与一位名叫安·韦特利的姑娘结过婚。其中的原因比较复杂。

安·哈瑟维是一个富裕农民的女儿，比莎士比亚大8岁，与莎士比亚交好时，她的父亲已经去世，她与继母及同父异母的弟

弟住在父亲留下的农庄里，生活得不自在，加上年岁已大，一直在费尽心机地寻找婆家，对于莎士比亚这样英俊健壮的小伙子的献媚，她自然求之不得。不久，安·哈瑟维怀了孕。莎士比亚不得不想起自己应尽的责任，放弃了与安·韦特利的恋情，转与安·哈瑟维结婚。婚后的莎士比亚接连有了3个孩子，但生活却并不如意，而当时他才21岁。生活的重担早早地压在他的肩上，而前途却一片渺茫。

为了摆脱家庭的烦恼，寻求美好的前程，等3个孩子稍大一点的时候，他便背井离乡，跟着一个到外地巡回演出的剧团到了伦敦，20多年后才重返故乡定居。

作为戏剧家，莎士比亚是成功的，但他对爱情的盲目选择却造成了婚姻生活的不如意。有一位著名作家说：“人在年轻的时候，并不一定了解自己追求的、需要的是什么，甚至别人的起哄也会促成一桩婚姻；等你再长大一些，更成熟一些的时候，你才会知道你真正需要的是什么。可那时，你已经做了许多悔恨得使你锥心的蠢事。”

有太多的不成熟的爱情在我们的周围滋生，关于自己，或者关于朋友。这种爱情往往蒙蔽了我们的双眼，以为只要有爱就可以什么都不管不顾，以至于在盲目的爱情中结成了婚姻，在盲目的爱情中生下了孩子。结果呢？当爱情的脚步渐渐走远，我们才发现原来自己与对方并不是十分了解。爱情的阳光不再照射，在没有爱的日子里生活空洞而乏味。于是，年轻的夫妻选择了离婚，不幸的序曲终于拉开了悲惨的帷幕。

成熟的爱情也不单只是你情我愿，那是一种思想与心灵更深的交融，是在茫茫人海中感觉到的一缕绚烂的光辉，它不因时间的推移而消失，而是爱得更加深刻。因此生活中，掌握好恋爱的规律，不盲目地恋爱，才能驾驭好人生之舟，才能获得幸福。

我们可以勇敢地去追求爱情，却不能在盲目中谈一场恋爱，因为爱情不仅仅是海誓山盟，还意味着对于对方的责任。

成人之美，成金之爱

旷世才女林徽因曾经与徐志摩有过一段恋情，后来在梁启超的大力促成下，林徽因嫁给了梁启超的儿子梁思成，成就一段良缘。但著名的哲学家、逻辑学家及教育家金岳霖，为了林徽因却终生未娶。

梁思成在林徽因死后续娶他的学生林洙，林洙在怀念金岳霖的文集里披露了一段故事：

当时梁林夫妇住在总布胡同，金岳霖就住在后院，但另有旁门出入，平时走动得很勤快，就像一家人。1931年梁思成从外地回来，林徽因很沮丧地告诉他："我苦恼极了，因为我同时爱上了两个人，不知道怎么办才好！"梁思成非常震惊，一种无法形容的痛苦捉住了他，仿佛连血液都凝固了。他一夜无眠翻来覆去地想，他一方面觉得痛苦，一方面也很感谢妻子没有将他当成一个傻丈夫，她坦白而诚实得好像是个小妹妹招惹了麻烦，向哥哥讨主意。他问自己，林徽因到底和谁在一起会比较幸福？他虽然自知他在文学、艺术上有一定的修养，但金岳霖那哲学家的头脑，也是自己比不上的。

第二天，他告诉林徽因："你是自由的，如果你选择了老金，我祝愿你们永远幸福。"说着说着，两个人都哭了。后来林徽因将这些话转述给金岳霖，金岳霖回答："看来思成是真正爱你的，我不能伤害一个真正爱你的人，我应该退出。"从此他们再不提起这件事。

三个人仍旧是好朋友，不但在学问上互相讨论，有时梁思成和林徽因吵架，也是金岳霖做仲裁，把他们糊涂的问题弄明白。金岳霖再不动心，终生未娶，待林、梁的儿女如己出。

我们不禁对这两个男人博大的胸怀和洒脱的性情肃然起敬！他们是真正领悟了爱情的真谛：给爱人自由，尊重爱人的选择。当林徽因面临爱情的抉择时，两个男人都从他们的爱人和做朋友的幸福出发，做出让步，让所爱的人真正快乐。

而做出这样的选择需要何等的勇气！正如有所放弃就会有回报一样，梁思成的让步使他再次赢得了爱的权利，金岳霖的让步使他们之间的友谊更加深厚，更加牢固。

爱的真谛不是自私也不是约束，更不是占有。把“爱”字分解开来，你会发现它其实是一只手抚慰着朋友的头，无论对待亲人还是朋友，我们要用心去爱，去抚慰他们的痛苦，这就是爱的真谛。当你真正爱对方的时候，应该助对方一臂之力，让对方自由飞翔。

我们即使做不到像这两位先辈那样洒脱，也要学会如何去爱我们所爱的人。学会在适当的时候放手，幸福也会悄然降临。

爱的真谛不是自私也不是约束，更不是占有，而是要学会去爱我们所爱的人，给她真正想要的幸福。

>>> 第八章

放下浮躁和自寻烦恼

——给自己来杯忘情水

很多时候，拿起来并不太难，难的是放得下。功名利禄，爱恨情仇，唯有及时放下心中的包袱，为心灵留出足够的空间，我们才有机会去接纳更多的快乐和幸福，才能够遇见更好的自己。

甩掉“金科玉律”的锁链

我们从小就会被教导不能做这，不能做那，久而久之就形成了一种固定的观念。这些观念成为我们行走人生的“金科玉律”，它们让我们少受挫折的同时，也常常阻碍着我们去开拓新的人生格局。这些观念禁锢着我们的大脑，销蚀着我们的潜能。因此，要改变命运，我们就得先从改变观念开始。

“想要别人怎样对待你，就先怎样对待别人。”这可能是一句大家从小就学到且会拿来教导孩子的至理名言。遗憾的是，若把这句名言应用到组织问题上，问题可就大了。

这句金科玉律的假定是，你喜欢的对待方式会跟其他人喜欢的对待方式一样。这就是先怎样对待别人的立论。把这种观点应用在解决组织问题时，就等于是说在协调冲突、决策和搜集信息上，你会跟大家的看法一致。很多人把这句名言当成个人生活的策略。我们也这样处理周遭发生的事。但把这句名言当成策略，很可能会陷入本位主义的泥潭。因为这句名言假定，自己的看法就是他人的看法。因此，自己所想的，就是适当、正确的。如果你就是在这种金科玉律教导下长大的，难免会养成这种思考逻辑。不过，如果你以不同的观点思考，就能开启许多前所未有的成功机会。

我们被自己对世界的偏见所蒙蔽，看不到个人见解的可笑和荒谬。这种狭隘的观念，直接影响了我们在处理变革引发的差异时所采取的决策和行动。如果你认为所有看待事情的观点是绝对相同的，那在处理变革差异的冲突及协商决策时，会相当危险。尤其在一意孤行地盲从自己的观点，不考虑他人时，情况便会更危险。

要真正有效处理变革所引起的差异，就得具备求同存异的能力，适时从别人的观点和立场来看事情。要这么做就必须把先前的金科玉律改变一下，换成新版的："以别人想被对待的方式对待他们。"其实，只要观念上稍微调整一下，变革的成效就有天壤之别。

杰克是一位公司员工，他经常与妻子在家争吵，以至于发生婚姻危机。后来，他找到一位心理咨询专家，听了杰克的诉说后，专家给他提出了一条建议："不要总是试图向你妻子表明她错了，你不妨只同她讨论而不去辩明谁对谁错。只要你不再强求她接受你的意见，你也就不必自寻烦恼，不必为证实自己的正确而无休止地争吵了。"杰克试着做了，果然很奏效。一旦遇到相反的观点和看法，他不再与妻子争论不休，要么与之讨论，要么回避不谈。一段时间以后，夫妻关系得到了明显改善。

其实，各种是非观念都代表着一种"应该"框框。这些条条框框会妨碍你，当你的条条框框与他人发生冲突时，尤其如此。在我们的生活中不乏一些优柔寡断之人，他们无论大事还是小事都难以做出决定。究其原因，人们之所以优柔寡断，是因为他们总希望做出正确的选择，他们以为通过推迟选择便可以避免犯错误，从而避免忧虑。

你或许觉得自己在很多事情上也难以做出决定，甚至在小事上也是如此。这是习惯于以是非标准衡量事物的直接后果。如果当你要做出某些决定时，能抛开一些僵化的是非观念，而不顾忌什么是是非非，你将轻而易举地做出自己的决定。如果你在报考大学时竭力要做出正确的选择，则很可能不知所措，即使做出决定后，也还会担心自己的选择可能是错误的。因此，你可以这样改变自己的思维方法："所谓最好、最合适的大学是不存在的，每一所大学都有其利与弊。"这种选择谈不上对与错，仅仅是各有不同而已。

衡量是否更适合生活的标准并不在于能否做出正确的选择。你在做出选择之后，控制情感的能力则更为明确地反映出自我抑制能力，因为一种所谓正确的标准包含着我们前面谈到的"条条框框"，而你应当努力打破这些条条框框。这里提出的新的思维方法将在两个方面对你有所帮助：一方面，你将完全摆脱那些毫无意义的"应该"标准；另一方面，在消除了是非观念误区之后，你便能够更加果断地做出各种决定。

所有的"必须"和"应该"，都是建立在正确的前提之下的。一味盲目遵从条条框框，有可能会离成功越来越远。

世间烦恼，皆由“我”起

世间一切烦恼，皆由“我”而起。若能够体验到菩提达摩话中的“无我”境界，无论忧愁还是喜悦，一切自然会随风消散。常人达不到佛法中“无我”的至高境界，却也懂得买醉来求得一时的忘忧。常言说借酒消愁愁更愁，醉酒之时的“忘我”也自然不能等同于佛家的“无我”，但是那一刻对自我的遗忘却是相似的，就像平时我们安慰一个失意之人，总是说“睡一觉就好了”，事实上睡醒后烦恼照旧，而睡梦中却能获得暂时的解脱。无我，则是水到渠成的自在。

从古至今，对“我”的认识与探索一直未曾间断，古希腊先贤苏格拉底的名言之一就是“认识你自己”。圣严法师将这个“自己”分为了两个层次，一是个人自私的小我；二是仁爱、博爱的大我。从另一个角度，又可视为物质上的身体和精神上的心灵的结合。身体每时每刻都在改变，而且注定会死亡；精神同样在外力与内因的作用下变化着，而且每一刻的念头也总会消失。因此，“我”只是一种虚幻的妄念，因我生执，因执而苦。

从前有一个秃头犯了法，由一名差役负责押送他到流放地。一路上，差役十分谨慎，生怕犯人会从自己的手里逃脱。他心思缜密，每次打尖休息不仅对犯人寸步不离，而且常常清点随身物品，每次清点都会自言自语：“秃头还在，公文还在，佩刀还在，枷锁还在，雨伞还在，我也在。”秃头每每听到他反复念叨都忍俊不禁，同时暗暗寻找着逃跑的机会。

终于快到目的地了，秃头对差役一路劳顿颇感不安，于是提出要出钱请他好好吃一顿，以表示自己的感激和歉意，并起誓绝对不会逃跑。快到驻地了，差役也放松了警惕，在秃头不断的劝说与奉承下很快酩酊大醉。

秃头摸来差役的钥匙，打开了枷锁，临逃走之前想起了差役每次的念叨，不由兴起，想跟差役开个玩笑，于是用佩刀剃光了他的头发，又把枷锁戴在了他的身上。

差役大醉醒来，吃惊不小。他猛一拍自己的头，然后又看到了自己身上的枷锁：“秃头还在！”他顿时释然，继而习惯性地清点：“公文还在，佩刀还在，枷锁还在，雨伞还在，我呢？”差役不知所措，见人就问：“你看见我了吗？”

差役执着于事物的表象以至于丢失了自己，他的“无我”，是滑稽的，既令自己苦恼，又引得旁人发笑。真正的“无我”虽同样难以求得，甚至让人心生抗拒，但一旦体会到了将“我”放下的通透，就能够达到一种澄明之境。由圣严法师对“我”的两层定义，同样可以将“无我”，分为两种：一种是人无我，即针对个人而言，没有一个恒定不变的主体；另一种是法无我，即诸法无我，任何法都由因缘和合而生，没有一个永恒的主宰者。

“如来者，无所从来，亦无所从去。”忘我以致无我，又在无我中做好我该做的一切，如空中飞鸟，不知空是家乡；水中游鱼，忘却水是生命。“别人笑我太疯癫，我笑他人看不穿”，对于佛门之外的人，这种无我也许十分荒唐，而在这一刻顿悟的人，却体验到了其他人看不穿望不断的红尘之外的快乐。一切现象因缘所生，变化无常，索性把我放下，把环境忘记，把无常当作常态，自在与快乐将会紧随身后。人若无我，则天地澄明，花香鸟语间蕴含的禅机都会涌至眼前。

春来花自青，秋至叶飘零，无穷般若心自在，语默动静体自然。

剔除了杂质，才会留下无瑕之美

心理学家曾指出：人是最会制造垃圾污染自己的动物之一。清洁工每天早上都要清理人们制造的成堆的垃圾，这些有形的垃圾容易清理，而人们内心诸如烦恼、欲望、忧愁、痛苦等无形的垃圾却不那么容易清理。

我们在装修房子的时候，总是会小心谨慎地制订详细的方案，研究每一个细节，墙壁的颜色、地板的质地、吊灯的造型，都是不可忽视的部分。我们为自己的家园精心选择最好的建材。但是在建设精神家园的时候，我们却太粗心了。虽然精神家园比物质家园重要得多，但是很多人却出于各种原因不肯多费心思。那些恐惧、烦恼、焦虑、不安等消极念头一旦成为精神家园的建材，那么它们便可能发霉、腐烂，我们的心灵世界就岌岌可危了。

所以，为了保持心灵家园的纯洁，我们必须选择勇敢、乐观、积极的思想，并且及时进行“精神扫除”，丢弃或扫掉拖累心灵的东西。

除此之外，还可以用美德来充盈我们的心灵空间，让垃圾再无容身之处。

有一位哲学家，带着他的学生去漫游世界，十年间，他们游历了所有的国家，拜访了所有有学问的人，现在他们回来了，个个满腹经纶。在进城之前，哲学家在郊外的一片草地上坐下来，对他的学生说："十年游历，你们都已是饱学之士，现在学业就要结束了，我们上最后一课吧！"

弟子们围着哲学家坐了下来，哲学家问："现在我们坐在什么地方？"弟子们答："现在我们坐在旷野里。"哲学家又问："旷野里长着什么？"弟子们说："旷野里长满杂草。"

哲学家说："对，旷野里长满杂草，现在我想知道的是如何除掉这些杂草。"弟子们非常惊愕，他们都没有想到，一直在探讨人生奥妙的哲学家，最后一课问的竟是这么简单的一个问题。

一个弟子首先开口说："老师，只要有铲子就够了。"哲学家点点头。

另一个弟子接着说："用火烧也是很好的一种办法。"哲学家微笑了一下，示意下一位。

第三个弟子说："撒上石灰就会除掉

所有的杂草。”

接着第四个弟子说：“斩草除根，只要把根挖出来就行了。”

等弟子们都讲完了，哲学家站了起来，说：“课就上到这里了，你们回去后，按照各自的方法除去一片杂草，一年后再来相聚。”

一年后，他们都来了，不过原来相聚的地方已不再是杂草丛生，它变成了一片长满谷子的庄稼地。

所以，如果你想让自己的心灵世界再无纷扰，唯一的方法就是用好的品格占据它。

一个人，在尘世间走得太久了，心灵无可避免地会沾染上尘埃，使原来洁净的心灵受到污染和蒙蔽。的确，对一个未知的开始，而你又不确定哪些是你想要的。所以，不要害怕自己选择了错误的东西，但一旦发现错误，一定要及时修正，清除心中的杂质，让自己纯净的心灵重新显现。

剔除杂质的最好方法，就是用最好的品质去代替它。

丢弃烦恼，重视手边清楚的现在

常常会有这样的时候，我们深陷在对昨天伤心往事的懊悔中，期待明天会有不一样的艳阳高照，却独独忽视了今天的存在。是我们自己亲手种下一道心灵的魔咒，让岁月在蹉跎中逝去，只为我们留下满目的疮痍。

1871 年春天，一个蒙特瑞综合医院的医学学生偶然拿起一本书，看到了书上的一句话，就是这句话，改变了这个年轻人的一生。它使这个原来只知道担心自己的期末考试成绩、自己将来的生活何去何从的年轻的医学院学生，最后成为他那一代最有名的医学家。他创建了举世闻名的约翰·霍普金斯学院，被聘为牛津大学医学院的教授，还被英国国王册封为爵士。他死后，他的一生用厚达 1466 页的两大卷书才记述完。

他就是威廉·奥斯勒爵士，而下面，就是他在 1871 年看到的由汤冯士·卡莱里所写的那句话："人的一生最重要的不是期望模糊的未来，而是重视手边清楚的现在。"

42 年之后，在一个郁金香盛开的温暖的春夜，威廉·奥斯勒爵士在耶鲁大学做了一场演讲。他告诉那些大学生，在别人眼里，曾经当过四年大学教授，写过一本畅销书的他，拥有的应该是"一个特殊的头脑"，可是，他的好朋友们都知道，他其实也是个普通人，他所取得的一切，只是因为他注重了今天。

时间并不能像金钱一样让我们随意储存起来，以备不时之需。我们所能使用的只有被给予的那一瞬间——现在。所谓"今日"，正是"昨日"，计划中的"明日"；而这个宝贵的"今日"，不久将消失到遥远的彼方。

对于我们每个人来讲，得以生存的只有现在——过去早已逝去，而未来尚未来临。昨天，是张作废的支票；明天，是尚未兑现的期票；只有今天，才是现金，具有流通的价值。所以，不要老是惦记明天的事，也不要总是懊悔昨天发生的事，把你的精神集中在今天。对于远方将要发生的事，我们无能为力。杞人忧天，对于事情毫无帮助。所以记住：你现在就生活在此处此地，而不是遥远的地方。

一位哲学家在古罗马的废墟里发现了一尊神像。由于从来没见过这样的神像，哲学家好奇地问它："你是什么神啊，为什么有两张面孔？"

神像回答："我的名字叫双面神。我可以一面回视过去，吸取教训，一面仰望将来，充满希望。"哲学家又问："那么现在呢？最有意义的现在，你注视了吗？""现在？"神像一愣，"我只顾着过去和将来，哪还有时间管现在。"

哲学家说："过去的已经逝去了，将来的还没有来到，我们唯一能把握的就是现在；如果无视于现在，那么即使你对过去未来了如指掌，那又有什么意义呢？"神像一听，恍然大悟，它失声痛哭起来："你说的没错，就是因为抓不住现在，所以古罗马城才成为历史，我自己也被人丢在了废墟里。"

西方有这样一句话："不要烦恼明天的事，因为你还有今天的事要烦恼。"这是一句隐含大智慧的话，却不是容易做到的事。何必为明天的事情忧虑呢？把一切泪水留给昨天，把所有烦恼抛向未来，专心地过好今天，活出生命的色彩，当晚上安然入眠时，那就是给今天最好的肯定和礼赞。

人的一生最重要的不是期望模糊的未来，而是重视手边清楚的现在。

剪掉不必要的生活内容

一个人觉得生活很沉重，便去见智者，寻求解脱之法。

智者给他一个篓子让他背在肩上，指着一条沙砾路说：“你每走一步就捡一块石头放进去，看看有什么感觉。”

过了一会儿，那人走到了头，智者问有什么感觉。那人说：“越来越觉得沉重。”智者说：“这也就是你为什么感觉生活越来越沉重的道理。当我们来到这个世界上时，每个人都背着一个空篓子，然而我们每走一步都要从这世界上捡一样东西放进去，所以才有了越来越累的感觉。”

生命之舟需要轻载。当你觉得生活不堪重负时不妨学会“卸载”：将自己的烦恼和包袱一一勾销，让自己的心态“归零”。

年轻的时候，玛丽比较贪心，什么都追求最好的，拼了命想抓住每一个机会。有一段时间，她手上同时拥有 13 个广播节目，每天忙得昏天暗地，她形容自己：“简直累得跟狗一样！”

事情都是双方面的，所谓有一利必有一弊，事业越做越大，压力也越来越大。到了后来，玛丽发觉拥有更多、更大不是乐趣，反而是一种沉重的负担。她的内心始终被一种强烈的不安全感笼罩着。

1995 年，“灾难”发生了，她独资经营的传播公司被恶性倒账四五千万美元，交往了 7 年的男友和她分手……一连串的打击直奔她而来，就在极度沮丧的时候，她甚至考虑结束自己的生命。

在面临崩溃之际，她向一位朋友求助：“如果我把公司关掉，

我不知道我还能做什么？”朋友沉吟片刻后回答：“你什么都能做，别忘了，当初我们都是从‘零’开始的！”

这句话让她恍然大悟，也让她勇气再生：“是啊！我们本来就是一无所有，既然如此，又有什么好怕的呢？”就这样念头一转，没有想到在短短半个月之内，她连续接到两笔很大的业务，濒临倒闭的公司起死回生，又重新动了起来。

历经这些挫折后，反而让玛丽体悟到人生“无常”的一面，费尽了力气去强求，虽然勉强得到，最后留也留不住；反而是一旦放空了，随之而来的是更大的能量。

她学会了“生活的减法”。为了简化生活，她谢绝应酬，搬离了150平方米的房子。索性以公司为家，在一个10平方米不到的空间里，淘汰不必要的家当，只留下一张床、一张小茶几，还有两只作伴的狗。

玛丽忽然发现，原来一个人需要的其实那么有限，许多附加的东西只是徒增无谓的负担而已。朋友不解地问她：“你为什么都不爱自己？”她回答：“我现在是从内在爱自己。”

一个人在自己觉得不堪重负的时候，应当学会做“减法”，减去自己不需要的东西，有时候简单一点，人生反而会觉得更踏实。

一个人需要的其实那么有限，许多附加的东西只是徒增无谓的负担而已。

放下自寻烦恼的状态

人的贪欲、仇恨、嫉妒、猜疑都是烦恼的来源，烦恼离不开“我”字，我要、我急、我想、我认为、我以为，烦恼就这样来了。

一位心理学家为了研究人的烦恼的来源，做了一个有趣的实验：他让参加实验的志愿者们在周日的晚上把自己对未来一周的忧虑与烦恼写在一张纸上，并署上自己的名字，然后将纸条投入“烦恼箱”。

一周之后，心理学家打开了这个箱子，将所有的烦恼还给其所属的主人，并让志愿者们逐一核对自己的烦恼是否真的发生了。结果发现，其中92%的烦恼并未真正发生。随后，心理学家让他们把过去一周真正发生过的烦恼记录下来，又投入“烦恼箱”。

3 周之后，心理学家再次把箱子打开，让志愿者重新核对自己写下的烦恼，这次，绝大多数人都表示，自己已经不再为 3 周之前的烦恼而烦恼了。

在这个实验中，我们都会发现：烦恼这东西原来是预想的很多，出现的却很少；自认为沉重到无法负担，转瞬也便如骤雨急停。烦恼大都是自己找来的，而且大多数人习惯把琐碎的小事放大。

“月有阴晴圆缺，人有悲欢离合”，自然的威力，人生的得失，都没有必要太过计较，太较真了就容易受其影响。人来到世间，不是为苦恼而来的，所以不能天天地板着面孔，伤心、烦恼、失意，这样的人生毫无乐趣而言。

我们应该为自己创造一个乐观、积极、进取的个性，快乐地做人，远离忧愁、悲伤、苦恼，如此活在人间才会顺心，才有价值。然而在生活中，我们往往忘记了这些，很容易就被一些鸡毛蒜皮的琐事牵绊，忘记了自己的初衷，于是自生烦恼。

大刘因为工作的变动，到了一个全新的部门，这个部门似乎没有以前的部门好，于是他总是担心别人会有想法：怎么回事，是不是犯了错误而调到这里来的。虽然只是正常的工作调动，也是自己一直希望的，但还是担心别人会说些什么，于是他待在家中好久没有露面。

有一天到大街上，遇到一个熟人，他说：“你不做老总啦？调到哪儿去了？”大刘说：“不做了，调到办事处去了。”他说：“好呀，祝贺你呢！”大刘笑笑：“有时间去玩呀。”事后，大刘心里总有一种不舒服的感觉，害怕熟人是在笑话他。

过了不久，又碰到了那位熟人，他说：“听说你不做老总了，调哪儿去了呢？”大刘心里想：这人怎么这样，这么不在意人，不是说过了吗？但最后还是淡淡地说：“我调到办事处去了，有时间去玩。”他好像恍然大悟，说：“对了对了，你说过的，对不起呀，我忘了。”听了他这话，大刘心里突然明朗起来，好像一下子悟出什么来了。

是呀，自己整天担心别人说什么，整天把自己当回事，而别人早把自己忘了。于是，他照旧同原来一样，和朋友们一起喝酒聊天，大家还是那么热情。

其实，所有的不堪和烦恼，都只是自己杯弓蛇影的自恋和自虐而已，所有的担心和疑惑，都是自己的原因。事实上，在别人的心中，自己并不是那么重要的。

生活中常常碰到一些事，比如说了什么不得体的话，被他人误会了，遇到了什么尴尬的事等，大可不必耿耿于怀，更不必找所有人解释，因为事情一旦过去，没有人还会去理会曾经的一句闲话，一个小的过失和疏忽。

我们念念不忘的事情，说不定别人早已忘记了，不要太把自己当回事了。其实，我们也可以问问自己，别人的一次失误或尴尬，真的会总在我们的心头挥之不去，让我们时时惦记吗？我们对别人的衣食住行真的那么关心，甚至超过关心自己吗？

作家吴淡如女士曾经在她的文章中提到过这样一组数据：“我们的烦恼中，有40%属于杞人忧天，那些事根本不会发生；30%是无论怎么烦恼也没有用的既定事实；另12%是事实上并不存在的幻象；还有10%是日常生活中微不足道的小事。也就是说，我们的脑袋有92%的烦恼都是自寻烦恼，活该你烦恼。只有8%的烦恼勉强有些正面意义。”

吴淡如问她的读者：“看了这些数据，你要不要删除你92%的烦恼？”是啊，看了这些数据，我们是否应该主动删除自己那92%的烦恼呢？

佛经上说，魔鬼不在心外，魔鬼就在自己的心中。由此，我们应该知道，自己的敌人就在自己心里，贪嗔痴疑慢、消极懈怠、忧愁烦恼，无一不是阻碍我们前进的心魔，能将其降伏者，也只有我们自己。

擒山中之贼易，捉心中之贼难。

放下浮躁，人生静如禅

心静可以沉淀出生活中许多纷杂的浮躁，过滤出浅薄、粗率等人性的杂质，可以避免许多鲁莽、无聊、荒谬的事情发生，不轻易起心动念，如此才能达到“心静则万物莫不自得”的境界。

约翰是一家大型航空公司的经理。一次偶然的邂逅让他学会了一种“坐在阳光下”的艺术，这让他第一次能够在忙碌的生活中找回宁静的心境。下面是他对这段宝贵体验的回顾：

在一个2月的早晨，我正匆匆忙忙走在加州一家旅馆的长廊上，手上满抱着刚从公司总部转来的信件。我是来加州度寒假的，但是仍无法逃脱我的工作，还是得一早处理信件。当我快步走过去，准备花两个小时来处理我的信件时，一位久违的朋友坐在摇椅上，帽子盖住他部分眼睛，他把我从匆忙中叫住，用缓慢而愉悦的南方腔说道：“你要赶到哪儿去啊，约翰？在我们这样美好的阳光下，那样赶来赶去是不行的。过来这里，好好嵌在摇椅里，和我一起练习一项最伟大的艺术。”

这话听得我一头雾水，问道：“和你一起练习一项最伟大的艺术？”“对！”他答道，“一项逐渐没落的艺术。现在已经很少人知道怎么做了。”“噢？”我问道，“请你告诉我那是什么？我没有看到你在练习什么艺术啊。”“我有。”他说道，“我正在练习只是坐在阳光下的艺术。坐在这里，让阳光洒在你的脸上，感觉很温暖，闻起来很舒服。你会觉得内心很平静。你曾经想过太阳吗？”

“太阳从来不会匆匆忙忙，不会太兴奋，它只是缓慢地善尽职守，也不会发出嘈杂声，不按任何钮，不接任何电话，不摇任何铃，只是一直洒下阳光，而太阳在一刹那间所做的工作比你加上我一辈子所做的事还要多。想想看它做了什么。它使花儿开，使大树长，使地球暖，使果蔬旺，使五谷熟；它还蒸发了水，再以雨的形式让它回到地球上来，它还使你觉得有平静感。”

“所以请你把那些信件都丢到角落去。”他说道，“跟我一起坐到这里来。”我照做了。当我后来回到房间去处理那些信件时，我几乎一下子就完成了工作。这使得我还留有大部分的时间来做度假的活动，也可以常“坐在阳光下”放松自己。

生活中，有千万个像约翰一样忙于工作而无暇自顾的人。在这种时候，我们就应该考虑是否该独处一段时间了。我们可以找一个时间让自己静一静，将宁静从自己的心中重新找回来。每天花点时间进行静思。这种练习能使你的精神活动放慢。一旦你放慢内在混乱状态活动的速度，那么外在生活自然也就慢下来了。

唯有宁静的心灵，才不眼热显赫权势，不奢望成堆的金银，不乞求声名鹊起，不羡慕美宅华第，因为所有的眼热、奢望、乞求和羡慕，都是一厢情愿，只能加重生命的负荷，加速心灵的浮躁，使我们与豁达康乐无缘。

按住浮躁，守住一份安宁，人生自得闲情逸致。

你用什么量器给别人，别人也必会用什么量器给你。

放下缠绕在心头的烦恼事

伴你一生的是心情，它是你唯一不能被剥夺的财富，它是由人格、修养修炼而成的情感。烦恼忧愁，开心快乐，都可以伴随生命的全部过程。生命是个过程，直面生命是一种态度，善待了生命，就是善待自己，简单的感情，简单的快乐，放下烦恼，拥有快乐！

人生在世，每一人都会从自己的哭声中来，在别人的哭声中离去。对于生活在五光十色的现代人而言，我们常常为欲望而感受人生之累，为欲望而感受人生之短暂。也许我们懂得烦恼来自我们自身，来自我们自己的人生欲望。

在平凡的生活中，不经意的来来往往，我们要对什么事都感觉新鲜，对生活的乐趣，有心情的时候，我们可以写些不为了发表的文字，用文字叙述一下自己的心情；想念的时候，可以和朋友通通电话，说说生活中的趣事；也可以上网和网友聊聊天、听听音乐，有时间可以看山神静，也可以观海心阔。

我们就以一种普通人的目光看待世界，不为昨天的失意而懊悔，不为今天的失落而烦恼，不为明朝的得失而忧愁，淡泊名利，志远高洁，朴实无华，一点点随意的心性，知足常乐，随遇而安，凡事顺其自然。我们要喜欢这种恬然宁静的心境，享受这种简单而平静的平淡生活。

生活在这纷扰喧嚣的世界，有时真的需要有自己独处的空间。可以放飞自己的心灵，什么都可以想，什么都可以不想。一人独处，静美随之而来，清灵随之而来，温馨随之而来；一人独处的时候，贫穷也富有，寂寞也温柔。

可以漫步到江边，伫立在无声的空旷中，感受一份清灵。让心灵远离尘嚣纷乱的世界，默默地体验花香，聆听鸟鸣。欣赏自然带给我们的乐趣，静静地沉浸在自己的遐想中，不要谁来做伴，只有自己，而在这时我们是最真实的。抬头仰望天边云卷云舒，让心儿随着自己无边的思绪飘飞。此时，这个世界属于我们，我们也拥有了整个世界。

可以捧一品香茗，在氤氲的缭绕中慵懒地翻阅一本好书。让自己在这份难得的宁静中，去书中解读关于生活、关于情感的文字。此刻，孤独成为一个空灵的竹箫，悄悄地流淌着轻柔的曲调。可以被书中的人物打动，静静地流泪。这时的我们已卸掉生活的面具，返璞归真。不带任何伪饰的成分；抑或是微笑，这笑也是甜甜的，是久蓄于心的一份无法表达的秘密。

可以播放轻缓的温柔的小夜曲，静静地赖在床上，什么都不想，只让自己沉浸在难得营造出的氛围里。让身心此刻回归本真，默默地享受音乐带给我们心灵的栖息。让音乐来诠释我们对浪漫的渴求。

无论生活多么繁重，我们都应在尘世的喧嚣中，找到这份不可多得的静谧，在疲惫中让自己心灵小憩，让自己属于自己，让自己解剖自己，让自己鼓励自己，让自己做回自己……

人生短暂，容不得我们常与烦恼纠缠，不能让烦恼伴随着自己去迎接崭新的太阳。

放下不满，活着便是幸福

有位青年，厌倦了生活的平淡，感到一切只是无聊和痛苦。为寻求刺激，青年参加了挑战极限的活动。

活动规则是：一个人待在山洞里，无光无火亦无粮，每天只供应5千克的水，时间为整整5个昼夜。

第一天，青年颇觉刺激。

第二天，饥饿、孤独、恐惧一齐袭来，四周漆黑一片，听不到任何声响。于是，他开始向往平日里的无忧无虑。他想起了乡下的老母亲不远千里地赶来，只为送一坛韭菜花酱以及小孙子的一双虎头鞋；他想起了终日相伴的妻子在寒夜里为自己掖好被子；他想起了宝贝儿子为自己端的第一杯水；他甚至想起了与他发生争执的同事曾经给自己买过的一份工作餐……渐渐地，他后悔起平日里对生活的态度来：懒懒散散，敷衍了事，冷漠虚伪，无所作为。

到了第三天，他几乎要饿昏过去。可是一想到人世间的种种美好，便坚持了下来。第四天、第五天，他仍然在饥饿、孤独、极大的恐惧中反思过去，向往未来。

他责骂自己竟然忘记了母亲的生日；他遗憾妻子分娩之时未尽照料义务；他后悔听信流言与好友分道扬镳……他这才觉出需要他努力弥补的事情竟是那么多。可是，连他自己也不知道，他能不能挺过最后一关。此时，泪流满面的他发现：洞门开了。阳光照射进来，白云就在眼前，淡淡的花香，悦耳的鸟鸣，他又迎来了一个美好的人间。

青年扶着石壁蹒跚着走出山洞，脸上浮现出了一丝难得的笑容。5天以来，面对孤独与绝望，他感受到了活着的分量，一切的抱怨，一切的不满，全都化为了浓浓的感恩，感恩父母，感恩亲戚朋友，感恩，仅仅因为“活着”。5天以来，他一直用心地呢喃着一句话，那便是：活着，就是最大的幸福。

活着，就像每天呼吸的空气，不经意间，不易察觉。生活中所有的烦恼，所有的不满，就像浓稠的迷障，让你触摸不到生活的真切内涵。只有放下种种的不满，敲开自己的心扉，积极地对待生活中的每一天，你才能好好地活着，才能感受到生活的美好，才能享受到幸福的真谛。

一位名人去世了，朋友们都来参加他的追悼会。昔日前呼后拥、香车宝马的名人躺在骨灰盒里，百万家财不再属于他，宽敞的楼房也不再属于他，他所拥有的只有一个骨灰盒大小的空间，一切都化成了一把灰烬。

从名人的追悼会上回来，几乎每一个人都感慨万千。那么聪明的一个人，每一个曾经与他斗的人最终都败下阵来，可是他斗来斗去也斗不过命。撒手人寰以后，一切都是空。

追悼会对人们进行了一次洗礼。人们想：趁现在好好活着吧，活着就是幸福，什么利、权、势，轰轰烈烈了一世，最后还不是一个人孤零零地走？从前绞尽脑汁、机关算尽，面貌狰狞地往上

爬，值吗？

从死亡的身边经过以后，才知道活着是多么幸福。可是，明天，每个人还是要忙忙碌碌地奔波生活。一边是死亡的震撼，一边是活着的琐碎。我们很容易被死亡所震撼，然而我们更容易被活着的琐碎所淹没。不要去在意那些繁杂的纠葛、苦痛与伤害，放下一切嘈杂的琐碎与不满，好好珍惜现在鲜活的生命吧，只有这样，才能够触摸到生活的本质，只有这样，才能找寻到最大的幸福。请相信，活着，便是莫大的幸福。

积极地对待生活中的每一天，才能好好地活着，才能感受到生活的美好，才能享受到幸福的真谛。

放下“阴暗面”，做最阳光的自己

生活中，每一个人都不可避免地会经历幸福时的欢畅、顺利时的激动、委屈时的苦闷、挫折时的悲观和选择时的彷徨，这就是人生。人生就是一碗酸、甜、苦、辣、咸五味俱全的汤，每种滋味都有可能品尝。

然而，人生并非只是一种无奈，而是可以由自身主观努力去把握和调控的。做最阳光的自己，人生就可以操之在我。

阳光是世界上最纯粹、最美好的东西。它驱除阴暗，照耀四方，让人心旷神怡；它沐浴万物，让世界充满向上和成长的力量；它坦荡无私，播撒着快乐与博爱的光芒。

一个阳光的人，总是能够在生活中自由自在地行动，勇于选择和承担生活的责任，不受尘世的约束却又深情细致；在任性与认真之间，不管是守着边缘或主流的位置，他都能体悟人生。

有阳光，当然也会有阴影。当阴影来临时，就是自我沉潜、韬光养晦的时机。即使阴影仍在头顶上盘旋，阳光的人却没有悲伤，因为在他们的内心还留有幸福的余温。

人生阳光与否，其实是人的一种感觉，一种心情。外部世界是一回事，我们的内心又是另外一种境界。如果我们的内心觉得满足和幸福，我们就快乐；我们的心灵灿烂，外面的世界也就处处充满着阳光。

一个刚入寺院的小沙弥，心有旁骛，忍受不了寺院的冷清生活，甚至有了轻生的念头。这一天，他独自一人走上了寺院后面的悬崖，就在他紧闭双眼，准备纵身跳下时，一只大手按住了他的肩膀。他转身一看，原来是寺院的老方丈。

小沙弥的眼泪马上流了出来，他如实告诉方丈，自己已看破红尘，只想一死了之。

老方丈摇摇头，对小沙弥说：“不对，你拥有的东西还有很多很多，你先看看你的手背上有什么？”

小沙弥抬手看了看，讷讷地说：“没什么呀？”“那不是眼泪吗？”老方丈语气沉重地说。小沙弥眨眨眼睛，又是热泪长流。老方丈又说：“再看看你的手心。”

小沙弥又摊开双手，对着自己的手心看了一阵，不无疑惑地说：“没什么呀？”

老方丈呵呵一笑，对小沙弥说：“你手上不是捧着一把阳光吗？”小沙弥怔了一下，心有所悟，脸上也泛起丝丝笑容。

只要心中留下一片阳光，纵使周围是无边的黑暗和寒冷，你的世界也会明媚而温暖。掬一把阳光，整个太阳便笑在掌心里，魅力四射。

面对生命时，每个人对自己的人生都有独特的解释和看法，在解读生命的同时，每个人都有一套自己的生活哲学和处世智能。在生命停泊的港湾，你可以沉淀、驻足、优游，也可以暂停、休息、思考，或者选择暂时的空白，也许你还可能因此而获得生命的觉悟。

我们何不为自己的心灵敞开一扇门，让自己通向更高层次的觉悟，让自己的生命可以得到更多的能量，最后，探源至精神的最光亮处，获得人生的圆满。

爱若是生命的原动力，觉悟就是生命的源头，而生命就是阳光，活着，就是要寻找出属于自己的光亮。

生命透过不同形式的传达，有了不同的人生境界。生命里确实承受不起太多的阴影，在生命停泊的港湾，让我们一起邀请阳光走进来，寻找属于自己的阳光，做最阳光的自己。

生命不宜有太多的阴影、太多的压抑，最好能常常邀请阳光进来，偶尔也释放真性情。

果敢放弃，不留丝毫犹豫和留恋

鲁迅曾说："其实世上本没有路，走的人多了，也便成了路。"生活中，只会盲从他人，不懂得另辟蹊径者，将很难赢取成功和荣耀。

人生的道路有千万条，条条大路都能通罗马，每条路都是我们的选择之一。所以一旦这条路行不通，不要犹豫，立即换一条路。行行出状元，在无力接受某一课程时，千万不要勉强自己，否则只会越来越糟，耽误时间不说，还误了美好的前程。

一位叫王丽的姑娘，长得端庄、秀丽。她的表姐是外企职工，收入颇高，工作环境也很好，她对王丽的影响很大。王丽也想象表姐一样去外企工作，过上优越的生活。无奈她的外语水平太差，单词总是记不住，语法也总是弄不懂。马上就要高考了，她想报考外语专业，可越着急越学不好。

她一心学外语，其他科目全部放弃。由于只有一条路，她更担心考不上外语系。整天就想着考上以后的生活，或考不上又怎么办，全无心思学习。

“白日梦”是青春期男女常见的心理现象。整天沉醉于其中的人，都是些对现状不满意又无力改变的人。因为“白日梦”可以使人暂时忘记不如意的现实，摆脱某些烦恼，在幻想中满足自己被人尊敬、被人喜爱的需要，在“梦”中，“丑小鸭”变成了“白天鹅”。

做美好的梦，对智者来说是一生的动力，他们会由梦出发，立即行动，全力以赴朝着美梦发展，一步步使梦想成真。但对于弱者来说，“白日梦”是一个陷阱，他们在此处滑下深渊，无力自救。

如何走出深渊呢？首先，要有勇气正视不如意的现实，并学会管理自己。这里教给你一个简单而有效的方法，就是给自己制定时间表。先画一张周计划表，把一天至少分为上午、下午和晚上三格，然后把你在这一周中需要做的事统统写下来，再按轻重缓急排列一下，把它们填到表格里。每做完一件事情，就把它从表上划掉。到了周末总结一下，看看哪些计划完成了，哪些计划没有完成。这种时间表对整天不知道怎么过的人有独特的作用，因为当你发现有很多事情要做，做完一件事就有一种踏实的感觉时，就比较容易把幻想变为行动了。你用工作挤走了幻想，并在工作中重塑了自己，增强了自信。

其次要有敢于放弃的勇气和决心，梦再美好，也只是梦。与其在美梦中遐想，不如走出一条适合自己的路。因此该放弃的就放弃，千万不要有丝毫的犹豫和留恋，要迅速踏上另一条通向罗马的路。

该放手时，莫犹豫，果断放开不应该的坚持，才能有足够的时间和精力去迎接足够好的新道路，新生活。

悬崖深谷处，撒手得重生

禅宗认为，一个人只有把一切受物理、环境影响的东西都放掉，万缘放下，才能够逍遥自在，万里行游而心中不留一念。在圣严法师看来，“必须放下”归因于因缘的聚散无常。

人的聚散离合，都是基于种种因缘关系，有因必有果，“因”既有内因又有外因，还有不可抗拒的“无常”，事情的发展不会总是按照我们的主观想象进行，沟沟坎坎不可避免，大多数时候，万事如意只是一个美好的心愿罢了。

适时的放开不仅是治病的良药，有时甚至会成为救命的法宝。

过去有一个人出门办事，跋山涉水，好不辛苦。有一次经过险峻的悬崖，一不小心掉到了深谷里去。此人眼看生命危在旦夕，双手在空中攀抓，刚好抓住崖壁上枯树的老枝，总算保住了性命，但是人悬荡在半空中，上下不得，正在进退维谷、不知如何是好的时候，忽然看到慈悲的佛陀，站立在悬崖上慈祥地看着自己，此人如见救星般，赶快求佛陀说：“佛陀！求求您慈悲，救我吧！”“我救你可以，但是你要听我的话，我才有办法救你上来。”佛陀慈祥地说。“佛陀！到了这种地步，我怎敢不听您的话呢？随您说什么？我全都听您的。”

“好吧！那么请你把攀住树枝的手放下！”

此人一听，心想，把手一放，势必掉到万丈深坑，跌得粉身碎骨，哪里还保得住性命？因此更加抓紧树枝不放，佛陀看到此人执迷不悟，只好离去。

悬崖深谷得重生看似一种悖论，实际上却蕴含着深刻的禅理。佛法中有言：“悬崖撒手，自肯承担。”“悬崖撒手”是一种姿态，美丽而轻盈。放手之后，心灵将获得一片自由飞翔的广袤天空，在瞬间释放与舒展。在英雄传奇与武侠故事中，我们常常看到这样的情景：集万千宠爱于一身的主角被逼到了悬崖边上，下面是湍急的流水，身后是凶悍的追兵，主角仰天一叹，回眸一笑，纵身一跃，与飞流激湍融为一体，令众人不由得扼腕叹息。但是，似乎所有的故事都没有摆脱这样的后续：崖壁上的一棵怪松，或崖下的一泓深潭，总会像母亲温暖的手掌一样，稳稳地将其托起……

这样的故事无意中契合了禅宗的某些观点，禅修者必须有所舍得，才能有所收获。圣严法师说唯有能放下，才能真提起。放得下的人，不仅要放下自己，还要放下周遭所有的一切。放下也并非完全失去自我，而是指不再存对抗心，也不再有舍不得，要随时随地对任何事物没有丝毫的牵挂或舍不得，能如此，才谈得上是自在，是解脱。

所谓回头是岸，岸貌似远在天涯。天涯远不远？不远。放下的时候，天涯就在面前。

图书在版编目 (CIP) 数据

放下，才能幸福 / 连山主编 . -- 北京：中国华侨出版社，2017.12（2020.4 重印）

ISBN 978-7-5113-7267-3

Ⅰ . ①放… Ⅱ . ①连… Ⅲ . ①人生哲学–通俗读物 Ⅳ . ① B821-49

中国版本图书馆 CIP 数据核字（2017）第 309083 号

放下，才能幸福

主　　编：连　山
责任编辑：高文喆
封面设计：冬　凡
文字编辑：朱立春
美术编辑：盛小云
插图绘制：张富岩
经　　销：新华书店
开　　本：880mm × 1230mm　1/32　印张：6　字数：173 千字
印　　刷：三河市华成印务有限公司
版　　次：2018 年 1 月第 1 版　　2021 年 10 月第 7 次印刷
书　　号：ISBN 978-7-5113-7267-3
定　　价：30.00 元

中国华侨出版社　北京市朝阳区西坝河东里 77 号楼底商 5 号　邮编：100028
法律顾问：陈鹰律师事务所
发 行 部：（010）58815874　　　传　　真：（010）58815857